手绘新编自然灾害防范百科

ShouHuiXinBianZiRanZaiHaiFangFanBaiKe

地震防范百科

谢 宇 主编

西安电子科技大学出版社

内 容 简 介

本书是国内迄今为止较为全面的介绍地震识别防范与自救互救的普及性图文书,主要内容包含认识地震、地震的预防、地震发生时的防范和救助技巧、地震后的心理康复等。本书内容翔实,全面系统,观点新颖,趣味性、可操作性强,既适合广大青少年课外阅读,也可作为教师的参考资料,相信通过本书的阅读,读者朋友可以更加深入地了解和更加轻松地掌握地震的防范与自救知识。

图书在版编目(CIP)数据

地震防范百科 / 谢宇主编. -- 西安 : 西安电子科

技大学出版社,2013.8 (2018.12重印)

ISBN 978-7-5606-3197-4

Ⅰ. ① 地… Ⅱ. ① 谢… Ⅲ. ① 地震灾害—灾害防治—
青年读物 ② 地震灾害—灾害防治—少年读物 Ⅳ.
① P315.9-49

中国版本图书馆CIP数据核字 (2013) 第204580号

策 划 罗建锋
责任编辑 马武装
出版发行 西安电子科技大学出版社(西安市太白南路2号)
电 话 (029)88242885 88201467   邮 编 710071
网 址 www.xduph.com   电子邮箱 xdupfxb001@163.com
经 销 新华书店
印刷单位 滨州传媒集团印务有限公司
版 次 2013年10月第1版 2018年12月第2次印刷
开 本 160毫米×230毫米 1/16 印 张 12
字 数 220千字
印 数 5001～15 000册
定 价 29.80元

ISBN 978-7-5606-3197-4

如有印装问题可调换

前言 preface

　　自然灾害是人类与自然界长期共存的一种表现形式，它不以人的意志为转移、无时不在、无处不在，迄今为止，人类还没有能力去改变和阻止它的发生。短短五年时间，四川先后经历了"汶川""雅安"两次地震。自然灾害给人们留下了不可磨灭的创伤，让人们承受了失去亲人和失去家园的双重打击，也对人的心理造成不可估量的伤害。

　　灾难是无情的，但面对无情的灾难，我们并不是束手无策，在自然灾难多发区，向国民普及防灾减灾教育，预先建立紧急灾难求助与救援沟通程序系统，是减小自然灾难伤亡和损失的最佳方法。

　　为了向大家普及有关地震、海啸、洪水、风灾、火灾、雪暴、滑坡和崩塌，以及泥石流等自然灾害的科学知识以及预防与自救方法，编者特在原《自然灾害自救科普馆》系列丛书（西安地图出版社，2009年10月版）的基础上重新进行了编写，将原书中专业性、理论性较强的内容进行了删减，增加了大量实用性强、趣味性高、可操作性强的内容，并且给整套丛书配上了与书稿内容密切相关的大量彩色插图，还新增了近年发生的灾害实例与最新的预防与自救方法，以帮助大家在面对灾害时，能够从容自救与互救。

　　本丛书以介绍自然灾害的基本常识及预防与自救方法为主要线索，意在通过简单通俗的语言向大家介绍多种常见的自然灾害，告诉人们自然灾害虽然来势凶猛、可怕，但是只要充分认识自然界，认识各种自然灾害，了解它们的特点、成因及主要危害，学习一些灾害应急预防措施与自救常识，我们就可以从容面对灾害，并在灾害来临时成功逃生和避难。

每本书分认识自然灾害，自然灾害的预防，自然灾害的自救和互救等部分。通过多个灾害实例，叙述了每种自然灾害，如地震、海啸、洪涝、泥石流、滑坡、火灾、风灾、雪灾等的特点、成因和对人类及社会的危害；然后通过描述各灾害发生的前兆，介绍了这些自然灾害的预防措施，并针对各种灾害介绍了简单实用的自救及互救方法，最后对人们灾害创伤后的心理应激反应做了一定的分析，介绍了有关心理干预的常识。

希望本书能让更多的人了解生活中的自然灾害，并具有一定的灾害预判力和面对灾害时的应对能力，成功自救和互救。另外希望能够引起更多的人来关心和关注我国防灾减灾及灾害应急救助工作，促进我国防灾事业的建设和发展。

《手绘新编自然灾害防范百科》系列丛书可供社会各界人士阅读，并给予大家一些防灾减灾知识方面的参考。编者真心希望有更多的读者朋友能够利用闲暇时间多读一读关于自然灾害发生的危急时刻如何避险与自救的图书，或许有一天它将帮助您及时发现险情，找到逃生之路。我们无法改变和拯救世界，至少要学会保护和拯救自己！

编者

2013年6月于北京

目 录 Contents

1

3

一、认识地震

（一）地震概述

　　地震是地壳的天然运动。它同暴雨、雷电、台风、洪水等一样，是一种自然现象。全世界每年发生地震约500万次，其中，能被人们清楚感觉到的就有50000多次，能产生破坏的

暴雨

地震防范百科　DiZhenFangFanBaiKe

雷电

5级以上地震约1000次，而7级以上有可能造成巨大灾害的地震有10多次。

1. 地震相关概念

我们都知道地震是一种快速而又剧烈的地壳运动。因此，我们首先要了解一下有关地震的几个概念。

（1）震源。

震源是指地震波发源的地方。

（2）震中。

震中是指震源在地面上的垂直投影。

（3）震中区（极震区）。

震中区是指震中及其附近的地方。

地震

（4）震中距。

震中距是指震中到地面上任意一点的距离。

（5）地方震。

地方震是指震中距小于或等于100千米的地震。

（6）近震。

近震是指震中距在100～1000千米之间的地震。

（7）远震。

远震是指震中距在1000千米以上的地震。

（8）地震波。

地震波是指在发生地震时，地球内部出现的弹性波。

其中，地震波又分为体波和面波两大类。体波在地球内部传播，面波则沿地面或界面传播。按介质质点的振动方向与波的传播方向的关系划分，体波又分为横波和纵波。

我们把振动方向与传播方向一致的波称为纵波（也称P波），纵波的传播速度非常快，每秒钟可以传播5～6千米，会引起地面的上下跳动。振动方向与传播方向垂直的波称为横波（也称S波），横波传播速度比较慢，每秒钟传播3～4千米，会引起地面水平晃动。因此，地震时地面总是先上下跳动，后水平晃动。由于纵波衰减快，所以，离震中较远的地方，一般只能感到地面水平晃动。在地震发生的时候，造成建筑物严重破坏的主要原因是横波。因为，纵波在地球内部的传播速度大于横波，所以，地震时纵波总是先到达地表，相隔一段时间横波才能到达，二者之间有一个时间间隔，不过相隔时间比较短。我们可以根据间隔长短判断震中的远

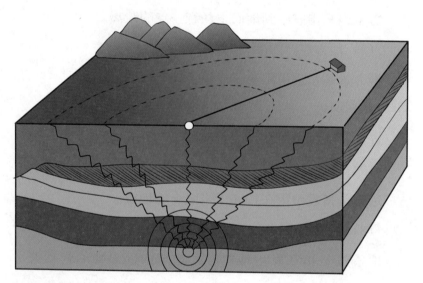

地震波

近，用每秒8000米乘以间隔时间就能估算出震中距离。对于我们来说，这一点非常重要，地震来临时纵波会先给我们一个警告，告诉我们造成建筑物破坏的横波马上要到了，应该立刻防范。

2. 地震的形成原因

鸡蛋分为蛋黄、蛋清和蛋壳三部分。地球的结构就像鸡蛋一样，也分为三层，中心层是"蛋黄"——地核；中间层是"蛋清"——地幔；外层是"蛋壳"——地壳。地震一般发生在地壳层。地球每时每刻都在进行自转和公转，同时地壳内部也在不停地发生变化。由此而产生力的作用，使地壳岩层变形、断裂、错动，于是便发生地震。

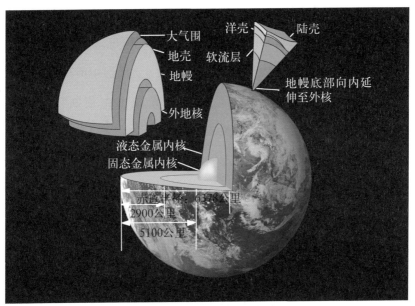

地球的结构

1963年，发生在印度尼西亚伊里安查亚省北部海域的5.8级地震，是震源深度最深的地震，其震源深度达到786千米。同样大小的地震，如果震源深度不一样，对地面造成的破坏程度也是不一样的。震源越浅，破坏越大，震源越深，破坏越小，且波及范围也越小。2008年5月12日，我国四川汶川地震就是典型的浅源性地震，其震源深度仅为20千米。在纵波和横波的共同作用下，造成了严重的破坏，一瞬间房屋倒塌、山体滑坡，伤亡无数。

2010年4月14日，我国青海省玉树县发生特大浅表地震，震级7.1级，震中位于县城附近，震源深度为6千米。截至2010年4月25日，此次地震造成2220人死亡，受灾面积达35862平方公里。

2011年3月11日，日本东北部海域发生里氏9.0级地震。地震震中位于宫城县以东太平洋海域，震源深度20公里。地震造成日本福岛第一核电站发生核泄漏事故，造成14063人死亡。

2011年2月22日，新西兰的第二大城市克莱斯特彻奇发生里氏6.3级强烈地震，震源深度距离地表仅有4公里。截至2月26日，此次地震死亡人数为145人，地震造成25名中国公民失踪。

3. 地震的发生原因

我们生活在美丽的地球上，地球上的山山水水见证了人类文明发展的足迹，镌刻着大地沧海桑田变迁的符号。从古

至今，人们无不赞美我国东岳泰山的雄浑伟岸，"稳如泰山"更为许多人所称道。其实，泰山并不稳定，100多万年以来，它已升高了500多米。此外，世界屋

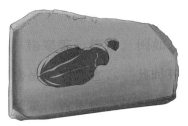

海洋生物化石

脊喜马拉雅山至今还在不断升高，山上的海洋生物化石，地下深处由植物生成的煤海，盘山公路边陡峻山崖上显示的地层弯曲与变形……也无不向我们展示着大地变迁的历史。

山为什么会升高？大地为什么会变迁？研究证明，这一切都是地壳运动的结果。地壳分分秒秒都在运动，只是由于地壳的运动大多十分缓慢，因此并不易被人们察觉。然而，地壳的运动与变化并非都是不被察觉，非常缓慢的，有时也会出现突然的、快速的运动，这种运动引起地球表层的

煤海

振动，就是地震。人为的原因也能引起地表振动，如开山放炮、地下核爆破等，但是这些毕竟是少数，对人类造成的危害也比较小，我们更关心的是容易对我们人类造成危害的天然地震。天然地震是由自然界的原因引起的地震。

对人类的威胁最大的要属天然地震中的构造地震，首先我们来看看构造地震是怎样发生的。

地下的岩层受力时会发生变形。刚开始时，这个变形很缓慢，但当受到的力较大时，岩层不能承受，就会发生突然、快速的破裂，岩层破裂所产生的振动传到地表，引起地表的振动，发生地震。地球上每年发生的500多万次地震，大多不被察觉的原因是因为所发生的多数地震震级太小或者是离我们太远，我们感觉不到。也就是说，真正能对人类造成严重破坏的地震，全世界每年有10～20次；能造成像我国的唐山、汶川等特别严重灾害的地震，每年1～2次。由此可见，地震是地球上经常发生的一种自然现象。

下面我们来看看板块构造与地震之间的联系：

在地球的最外层，由地壳和地幔最上面的部分共同构成厚100多千米的岩石圈，它像一个裂了缝的鸡蛋壳，包括好多块，叫做岩石圈板块。地球上最大的板块有6块，分别是太平洋板块、美洲板块、非洲板块、欧亚板块、印度洋板块和南极洲板块。另外，还有一些较小的板块，如菲律宾板块等。世界地震分布与全球板块分布非常吻合，全球有85%的地震都分布在板块的边界上，仅有15%的地震与板块边界的关系不那么明显。这就说明，板块运动过程中的相互作用，是引起地震的一个非常重要的原因。发生在板块边界上的地震叫板缘地震，环太平洋地震带上绝大多数地震均属此类；而发生在板块内部的地震叫板内地震，欧亚大陆内部的地震多属于板内地震。板内地震发生的原因比板缘地震更复杂，它既与板块之间的运动有关，又与局部的地质条件有关。

4. 地震的深浅

地震按照震源深度的不同，可划分为3种：浅源地震、中源地震和深源地震。

浅源地震（正常深度地震）是指震源深度小于60千米的地震，世界上大多数地震都是浅源地震，我国绝大多数地震也属于浅源地震。

中源地震是指震源深度为60～300千米的地震。

深源地震是指震源深度大于300千米的地震。目前世界上记录到的最深的地震震源深度为786千米。同样大小的地震，震源越浅，所造成的破坏越严重。

5. 地震的序列

一次中强级别以上地震前后，在震源区和它附近，会有一系列地震相继发生，这些成因上有联系的地震就被称为一个地震序列。一个地震序列包括前震、主震和余震三部分。

前震是指主震前发生的比较小的地震，很多大地震前没有发生前震。

主震是指地震序列中最突出、最大的那个地震。

余震是指主震之后所发生的众多小地震。

一次地震序列所持续的时间不等，有的几天，有的几年甚至几十年。一般来说，主震越大，最大余震的震级越大，而且余震持续的时间越长。1976年，河北唐山地震的余震持续了10多年之久；2008年，四川汶川地震的余震活动至今也仍在持续。值得指出的是，主震中那些没有被震倒、震垮，但是已经被震的松散了的房子，在强余震中往往会发生倒塌。也就是说，大地震的强余震也会造成伤亡破坏，因此，要加强对大地震强余震的监测预报，防范强余震造成伤亡事件。

根据地震序列的能量分布、主震能量占全序列能量的比例、主震震级和最大余震的震级差等，可将地震序列划分为主震—余震型地震、震群型地震和孤立型地震三种类型。

主震—余震型地震的主震非常突出，余震非常丰富。主震所释放的能量占全序列的90%以上，主震震级和最大余震相差0.7~2.4级。

震群型地震有两个以上大小相近的主震，余震非常丰富。主要能量通过多次震级相近的地震释放，主震所释放的能量占全序列的90%以下，主震震级和最大余震相差不到0.7级。

孤立型地震有突出的主震，余震次数很少、强度比较低。最大地震所释放的能量占全序列的99.9%以上，主震震级和最大余震相差2.4级以上。

根据有没有前震，又可把地震序列分为主震—余震型地震、前震—主震—余震型地震和震群型地震三种类型：

主震—余震型地震，它没有前震活动，主震和最大余震震级差大约在1级以上。

前震—主震—余震型地震，有前震活动，其他特点与主震—余震型基本相同。

震群型地震，序列中没有震级突出的单个地震。

6. 地震迁移

地震迁移是指强震按一定的空间、时间规律相继发生的现象，它是在统一的区域应力场中，各应力集中点变迁的结果。地震迁移的时空尺度可以大，也可以小；可以长，也可以短。可以沿着一条断裂带用10多年的时间完成一个迁移过程（如祁连山地震带由东南向西北迁移发生了1920年海原8.5级地震、1927年的古浪8级地震和1932年的昌马7.5级地震）；也可在一个地震区内，以地震带为迁移单元，用几百年的时间完成一个迁移过程（如华北地震区1484～1732年强震主要发生在山西带上，而1815～1976年强震由西向东迁移到华北平原地震带上）；此外，还有许多地震沿纬度做更长距离的迁移。

祁连山

　　地震活动有规律地迁移是地震活动的一个小小的部分，还有相当大一部分地震活动显示出无规则的迁移过程。

7. 地震的成因类型

　　地震按成因分类一般可分为天然地震、人工地震和诱发地震三大类。自然界发生的地震，叫做天然地震，如构造地震、火山地震、塌陷地震等；由人类活动如开山、开矿、爆破等引起的地表晃动叫人工地震；诱发地震是指由矿山冒顶、水库蓄水等人为因素引起的地震。下面，我们来讲讲天然地震和诱发地震。

　　（1）天然地震。

　　构造地震：由于地壳运动引起地壳构造的突然变化，地壳岩层错动破裂而发生的地壳震动，也就是人们通常所说的

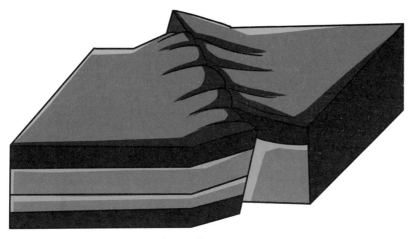

天然地震

地震。地球不停地运动、不停地变化，从而内部产生巨大的力，这种作用在地壳上的力，称为地应力。在地应力长期缓慢的作用下，地壳的岩层发生弯曲变形，当地应力超过岩石本身能承受的强度时便会使岩层错动断裂，其巨大的能量突然释放，以波的形式传到地面，从而引起地震。世界上90%以上的地震属于构造地震。强烈的构造地震破坏力非常大，是人类预防地震灾害的主要对象。

火山地震：是指由于火山活动时岩浆喷发冲击或热力作用而引起的地震。火山地震一般较小，造成的破坏也极小，而且发生的次数也不多，只占地震总数的7%左右。目前，世界上大约有500座活火山，每年平均约有50座火山喷发。我国的火山多数分布在东北黑龙江省、吉林省和西南的云南等省。黑龙江省的五大连池、吉林省的长白山、云南省的腾冲及海南岛等地的火山在近代都喷发过。

火山和地震都是地壳运动的产物，它们之间有一定的联系。火山爆发有时会激发地震的发生，地震要是发生在火山地区，也常常会引起火山爆发。例如，1960年5月

火山地震

22日，智利发生8.9级大地震，48小时后，沉睡了55年之久的普惠山火山复活喷发，火山云直冲6000米高空，场面非常壮观。菲律宾坐落于环太平洋火山地震带上，因地壳板块相互碰撞，地震频发，火山活动也十分活跃。1976年8月16日，一场7.9级地震突袭菲律宾南部莫罗湾，并引发海啸，至少5000人因此死亡，成为菲律宾历史上人员伤亡最严重的一次地震。1988年，我国在黑龙江省五大连池市建立了第一个地震火山监测站，进行火山及地震的观测研究。

陷落地震：一般是因为地下水溶解了可溶性岩石，使岩石中出现空洞，空洞随着时间的推移不断扩大；或者由于地下开采矿石形成了巨大的空洞，最终造成了岩石顶部和土层崩塌陷落，从而引起地面震动。陷落地震震级都比较小，数量约占地震总

陷落地震

数的3%左右。最大的矿区陷落地震也只有5级左右，我国就曾经发生过4级的陷落地震。虽然震级较小，但对矿井上部和下部仍会造成比较严重的破坏，并威胁到矿工的生命安全，所以，不能掉以轻心，应加强防范。

（2）诱发地震。

诱发地震是指在特定的地区由于某种地壳外界因素（人为因素）诱发而引起的地震。例如，矿山冒顶、油井灌水、水库蓄水等都可以诱发地震，其中最常见的诱发地震是水库地震。福建省水口水库在1993年3月底开始蓄水，在不到两年的时间里，共计诱发0.3级以上地震近千次，其中最大的3.9级，由于诱发地震的震源比较浅，2级以上地震，当地居民就会感到晃动。1959年建成的广东河源新丰江水库，1962年就发生了最大震级为6.1级的地震。2003年12月19日20时31

诱发地震

三峡水库

分，三峡水库诱发了蓄水成库以来最大地震，大坝以西直线距离80公里巴东小溪河西岸马鬃山村，发生烈度为2.5级左右的地震。3天后，距大坝以西直线距离300多公里长江北岸开县天然气发生井喷，导致244人死亡。究其原因主要是水库蓄水以后改变了地面的应力状态，由于库水渗透到已有的断层里，起到润滑和腐蚀作用，促使断层产生新的滑动。当然，并不是所有的水库蓄水后都会发生水库地震，水库地震的发生需要一定的条件，当库区存在活动断裂、岩性刚硬等条件时，才有诱发地震的可能性。

8.地震的震级和烈度

（1）地震震级。

地震有强有弱，用什么来衡量地震的大小呢？科学家对衡量地震有自己的一把"尺子"。衡量地震大小的"尺子"叫做震级。震级与震源释放出来的弹性波能量有关，它可以通过地震仪器的记录计算出来，地震越强，震级越大。

我们根据地震仪测定的每次地震活动释放的能量多少来确定震级。我国目前使用的是国际上通用的里氏分级表作为震级标准，里氏分级表共分9个等级。在实际测量过程中，震级是根据地震仪对地震波所做的记录计算出来的。

震级通常用字母M表示，是表征地震强弱的量度。你能想象一个6级地震释放的能量有多大吗？它相当于美国投掷在日本广岛的原子弹所具有的能量，是不是很可怕？震级每

原子弹

相差1.0级，能量就会相差大约32倍；每相差2级，能量就会相差约1000倍。换句话说，一个6级地震就相当于32个5级地震，而一个7级地震就相当于1000个5级地震。目前，世界上最大地震的震级为8.9级，你可以想象它释放的能量有多大。

按震级大小可以把地震划分为以下几类：

震级小于3级称为弱震。如果震源不是很浅，弱震一般不会被觉察。

震级等于或大于3级、小于或等于4.5级称为有感震。有感地震人们能够察觉，但是一般不会造成破坏。

震级大于4.5级、小于6级称为中强震。中强震会造成破坏，但破坏程度还与震源深度、震中距等多种因素有关。

震级等于或大于6级称为强震。

震级等于或大于8级称为巨大震。

震级越小的地震，发生的次数就会越多；震级越大的地震，发生的次数就会越少。地震是恐怖的，一说到地震人们就会毛骨悚然。其实地球上的有感地震很少，仅占地震总数的1%；中强震、强震就更少了，所以，没必要杞人忧天。

（2）地震烈度。

同一次地震，在不同的地方造成的破坏也会不一样的；震级相同的地震，造成的破坏不一定会相同。用什么来衡量地震的破坏程度呢？科学家又"制作"了另一把"尺子"——地震烈度，来衡量地震的破坏程度。

地震在地面造成的实际影响称为烈度，它表示地面运动的强度，也就是我们平常所说的破坏程度。震级、距震源的远近、地面状况和地层构造等都是影响烈度的因素。同一震级的地震，在不同的地方会表现出不同的烈度。烈度是根据人们的感觉和地震时地表产生的变动，还有对建筑物的影响来确定的。仅就烈度和震源、震级之间的关系来说，震级越大、震源越浅，烈度也就越大。

一般情况下，一次地震发生后，震中区的破坏程度最严重，烈度也最高。这个烈度叫做震中烈度。从震中向四周扩展时，地震烈度就会逐渐减小。例如，1976年，河北唐山发生的7.8级大地震，震中烈度为11度。天津市受唐山地震的影响，地震烈度为8度，北京市烈度就只有6度，再远到石家庄、太原等就只有4～5度了，地震烈度逐渐减小。

一次地震与一颗炸弹爆炸后一样，近处与远处破坏程度是不同的，炸弹的炸药量，好比是震级；炸弹对不同地点的破坏程度，好比是烈度。一次地震可以划分出好几个烈度不同的地区。

我国把烈度划分为12度，不同烈度的地震，其影响和破坏也不一样。下面我们来看看不同烈度的大致表现：

烈度小于3度，人们感觉不到，只有仪器才能记录到。

3度，如果在白天的喧闹时刻，则感觉不到，如果是夜深人静时，就能感觉到。

4～5度，吊灯会摇晃，睡觉的人会惊醒。

6度，器皿会倾倒，房屋会受到轻微损坏。

7~8度，地面出现裂缝，房屋会受到破坏。

9~10度，房屋倒塌，地面会受到严重破坏。

11~12度，属于毁灭性的破坏。

2008年5月12日，中国四川汶川发生里氏7.8级大地震，这个数据是中国地震台网中心利用国家地震台网的实时观测数据测定后速报的。随后，地震专家又根据国际惯例，利用包括全球地震网在内的台站资料，对地震的参数进行更为详细的测定后进行修订，修订后为里氏8.0级。汶川地震是中国自1949年以来波及范围最广，破坏性最强的一次地震，最大烈度达到11度，重灾区的范围已经超过10万平方千米。不难看出，这次地震的强度和烈度都超过了1976年河北唐山发生的7.8级大地震。

（二）地震带

1. 世界三大地震带的分布

地震带是指地震的震中集中分布的地区，这些地区呈有规律的带状分布。人们把世界地震分布划分为三条地震带，通过这些地震带可以看出地震带分布是相当不均匀的，绝大多数地震带都分布在南纬45°和北纬45°之间的广大地区。世界上的地震主要集中在三大地震带上，三大地震带依次是环太平洋地震带、地中海—喜马拉雅地震带和海岭地震带。

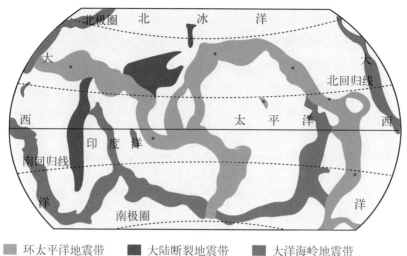

■ 环太平洋地震带　　■ 大陆断裂地震带　　■ 大洋海岭地震带

环太平洋地震带

环太平洋地震带在东太平洋，地球上约有80%的地震都发生在这里。

该地震带主要沿北美、南美大陆西海岸分布，在北太平洋、西太平洋及西南太平洋主要沿岛弧分布。全球约80%的浅源地震、90%的中源地震和近乎所有的深源地震都集中在该带上。它呈一个巨大的环状，沿北美洲太平洋东岸的美国阿拉斯加向南，途中经过加拿大、美国加利福尼亚和墨西哥西部地区，到达南美洲的哥伦比亚、秘鲁和智利，然后从智利调转方向，折向西，穿过太平洋抵达大洋洲东边界附近，在新西兰东部海域转向北，再经过斐济、印度尼西亚、菲律宾，以及我国的台湾省、琉球群岛、日本列岛、阿留申群岛，最终回到美国的阿拉斯加，环绕太平洋一周，也把大陆和海洋分隔开来。

地中海—喜马拉雅地震带又称为欧亚地震带。

该地震带大致呈东西向分布，横贯欧亚大陆。西起大西洋的亚速尔群岛，穿过地中海，途中经过伊朗高原进入喜马拉雅山，在喜马拉雅山东端向南拐弯经过缅甸西部、安达曼群岛、苏门答腊岛、爪哇岛到达班达海附近与西太平洋地震带相连，全带总长大约15000千米，宽度各个地方也不一样。

爪哇岛

欧亚地震带的地震活动仅次于环太平洋地震带，环太平洋地震带之外的近乎所有的深源地震、中源地震和多数的浅源大地震都发生在这个带上。该带地震释放的能量约占全球地震能量的5%。

海岭地震带相对于前两个地震带，是个次要的地震带。

它基本上包括了全部海岭构造地区。它从西伯利亚北部海岸靠近勒拿河的地方开始，横跨北极，越过斯匹茨卑尔根群岛和冰岛伸入到大西洋，然后又沿大西洋中部延伸到印度洋，最后分为两支，一支沿东非裂谷系，另一支通过太平洋的复活节岛海岭直达北美洲的落基山。

2.地震带与活断层之间的成因关系

在第四纪期间，特别是距今10万年来曾经有过活动，以后仍有可能活动的断层，我们称之为活断层。它的规模有大有小，大的可大到板块边界，小的也可小到仅几十千米。地震带与活断层之间有密切的关系，其主要表现有：

绝大多数的强震震中都分布于活断层带内。

世界上著名的破坏性地震所产生的地表新断层与原来存在的断层走向基本一致或者完全重合。如1906年美国旧金山发生的8.3级地震沿圣安德烈斯断层产生了450千米的地表破裂；我国1920年的宁夏海原大地震、1931年的新疆富蕴大地震、1932年的甘肃昌马大地震、1970年的云南通海大地震、1973年的四川炉霍大地震、1988年的云南澜沧—耿马大地震等，都产生了与原断层基本重合的新断层。

旧金山

在许多活动断层上都发现了有仪器记录以前的地震及其重复现象。每一次震断层上的重复时间从几百年到上万年不等。这就可以看出，过去的地震和现在地震一样都是沿断层分布的。

大多数等震线的延长方向和强震的极震区与当地断层走向一致。大地震的前震和余震也都是沿断层线性分布。

震源力学分析得出这样的结论：震源错动面的产状大部分和地表断层一致。

总之，这些自然现象说明：地震带与活断层在成因上有着密切联系。我们可以通过地震带发现和研究活动断层带，活动断层带的存在和断层作用又是产生地震和地震成带分布的根本原因。

（三）关于地震的几个疑问

1. 为什么地震会集中分布在几个地震带区

地球的构造运动决定了地震的发生和分布。地球由地壳、地幔和地核等圈层组成，地壳和地幔的最上部，主要为刚性的岩石，叫做岩石圈。包裹着地球的岩石圈又是由若干个板块组成。板块与板块之间的边界地带，

岩石圈

就是地震最为集中的地带，这些边界带上的地震也称为板间地震。

全球的板块主要有太平洋板块、欧亚板块、非洲板块、印度—澳大利亚板块、南极洲板块、北美板块、南美板块和菲律宾海板块等。其中，运动最快的是太平洋板块，太平洋板块从海沟处俯冲插入地球内部，导致板块弯曲变形，并不断地引发地震。因此，环太平洋地震带的地震最多，也最强烈。

2. 发生过强震的地方还会再发生强震吗

发生过强烈地震的地方，很有可能会再发生强震。从历史上地震资料看，同一地点再次发生强烈地震，一般要间隔一段时间，不过间隔时间有长有短，长则几百年，短则也要几十年、几年。间隔时间的长短与那里地壳运动的强弱密切相关。在华北这样的地区，要间隔许多年才有可能在同一地点重复发生强烈地震；但是在我国西部地震活动强烈的地震带上，在较短时间内重复发生强烈地震的情况很多。

在环太平洋地震带的某些地震活动性特别强烈的地段，曾经有过在同一地区连续发生若干次8级左右大地震的情况。例如，1960年发生在智利特大地震的情况，就很罕见。值得一提的是8级左右的大地震后出现的余震，有的也十分强烈，而且强余震可能延续一年左右的时间，因此，仍需加强防范，以免造成人员伤亡。

巴布亚新几内亚位于南太平洋西部，地处大陆板块交界处，属地震频发地区，曾分别在2010年3月份和6月份发生两次6级以上的地震。

2012年8月11日晚，伊朗连续发生两次6级以上的地震，地震发生时间仅相隔11分钟。地震至少造成300人死亡，2000多人受伤。

3. 没有发生过强震的地方是否会发生强震

在地震带内，存在可以长达数十年不发生强烈地震，而周围有感地震却很多的地区。这样的地区，被称为"地震空白区"或"地震空区"。为什么会出现这种情况呢？这可能是由于地震空区缺少发生地震的地质构造，从而使这些地区成为"安全岛"，也有可能是由于周围地区的地震已把这个地震带内积累的大量地震能量释放了，所以没有发生强震。但也出现过这样的情况，临近强烈地震时，空白区周围地震次数突然增多到一个峰值，空白区内部地震仍然很少，最后，强烈地震却在空白区内发生。这种现象叫做"地震填空"。

还应该注意一点，已有这样的震例表明，在一向认为不会发生地震的、地壳比较稳定的无地震地区，却发生了强烈地震。要记住，在不属于已知地震带的地区，也有发生强烈地震的可能，所以不能掉以轻心。上述情况表明，地震活动难以捉摸，预测比较困难，所以，平时必须做扎扎实实的工作，才有可能减少地震造成的损失。

（四）中国地震

1. 中国地震呈现的特点

中国的地震区分布范围比较广而且震中分散，很难预报。

我国约2/3的地震发生在大陆地区，并且这些地震绝大多数属于震源深度在20～30千米的浅源地震，对地面建筑物及工程设施破坏比较严重，我国境内的深源地震发生次数比较少，只在西部等地发生过。

我国约有3/4的城市位于地震区，城市人口比较密集，设施相对集中，地震灾害必然严重。值得一提的是，我国从1974年已开始实施在新建筑物中进行抗震设计，在此以前的大量建筑物抗震能力都比较差，历史上大地震造成的灾害证明，未进行抗震设计的建筑受灾最为严重。

强震发生周期多在百年乃至数百年以上，紧迫性易于被忽视。

中国地理位置决定了它是一个多震的国家。它位于世界两大地震带——环太平洋地震带与欧亚地震带的交会处，受太平洋板块、印度板块和菲律宾板块的挤压，地震断裂带非常发达。

在20世纪，全球总共发生三次8.5级以上的强烈地震，其中有两次发生在中国。全球发生两次导致20多万人死亡的强烈地震也都发生在中国，一次是1920年造成23万多人死亡的宁夏海原地震；一次是1976年造成24万多人死亡的河北

地震防范百科

唐山地震。这两次地震死亡人数之多，在全世界都是绝无仅有的。

2. 中国地震在时间分布上的规律性

一个地区如果地震活动强烈、释放出大量能量，那么它就需要很长一段时间重新积累足够的能量，才能再使岩石产生一系列破裂，再一次发生地震。因此，一般来说，一个地区，甚至全球，地震活动都有活跃期与平静期交替出现的特点，这就是地震的周期性。

各个地区构造活动性的不同，决定了地震活动周期的长短也是不同的。我国除台湾省外，东部地震活动周期普遍比西部长得多，东部一个周期大约为300年，西部为100～200年，台湾省一个周期只有几十年。总的来看，板块内部地震活动周期相对较长，板块边缘地震活动周期相对较短，100年尺度的地震周期，称为地震世。在一个地震世中，可以进一步划分出20年左右的周期，称地震幕。

我国华北地区出现了6级地震的频繁活动，标志着华北地区地震活动已经进入了活跃幕。在我国台湾省和喜马拉雅山地区则以7级地震频繁活动为活跃幕的标志，而在东北和华南则以5级地震频繁活动为活跃幕的标志。

只能说，地震活动时间分布的周期性是相似的。由于所选的地区不同，时段不同，或者是地震的目录（指按时间顺序，对地震的主要参数进行收录，编辑成目录资料）不同，

华北地区地震

得出的地震周期很有可能也不同，有时候即使是同一地区，地震的周期长度也不相等。这些都反应了地震活动的复杂性，这也是依据地震活动周期预测未来地震活动形势的困难所在。

3. 中国地震区带的划分

我国处在环太平洋地震带与欧亚地震带两大地震带之间，受太平洋板块、印度板块和菲律宾海板块的挤压，地震断裂带非常发达，是世界上多地震的国家之一。我国根据地震历史、地震活动性、地质构造、地球物理场变化特征等资料，运用综合概率方法编制出地震区带划分。我国地震主要

西藏

分布在五大地区的23条地震带上。五大地区是：台湾省及其附近海域；西南地区，主要是西藏、四川西部和云南中西部；西北地区，主要在甘肃河西走廊、青海、宁夏、天山南北麓；华北地区，主要在太行山两侧、汾渭河谷、阴山至燕山一带、山东中部和渤海湾；东南沿海的广东、福建等地。

　　我国强震分布十分广泛，除了浙江、贵州两省外，其他各省区，直辖市都发生过6级以上的大地震。地震的空间分布十分不均匀，往往集中分布在一些被称为地震带的条带状的地区。地震带的划分主要依据地震分布，不过也要考虑地质构造。由于对地质构造认识的不同，所划分的地震带也就不

浙江、贵州两省

够准确，有一定的出入。其表现就是在地震带之外，还有少数地震区域零星散布。

目前，我国地震带的划分主要参考原中国科学院地球物理研究所划分的23条地震带，这23条地震带是：郯城—庐江带，从安徽庐江经山东郯城至东北沈阳；燕山带；山西带；渭河平原带；银川带；六盘山带；滇东带；西藏察隅带；西藏中部带；东南沿海带；河北平原带；河西走廊带；天水—兰州带；武都—马边带；康定—甘孜带；安宁河谷带；腾冲—澜沧带；台湾西部带；台湾东部带；滇西带；塔里木南缘带；南天山带；北天山带。

除此之外，还常有南北地震带的说法。在中国大陆东西部交界处的一条贯穿南北的地震带被称为南北地震带。它基本上由上述的滇东带、武都—马边带、天水—兰州带、六盘山带和银川带组成。山西带和渭河平原带合称为汾渭地震带。

我国的台湾省位于环太平洋地震带上，西藏、新疆、云南、四川、青海等省区则位于喜马拉雅至地中海地震带上。地震带的分布是我国制定地震重点监视防御区的重要依据之一。

4. 中国西部是世界上大陆地震最强、最集中地区的原因

印度板块、太平洋板块、菲律宾海板块与欧亚板块的相互作用及欧亚板块内的深部动力作用，造就了我国大陆不同类型的活动构造，控制着中国大陆强震的空间分布格局，使我国大陆被巨大的活动断裂切割成不同级别的活动地块。

我国境内的强震绝大多数是震源深度不到70千米的浅源地震，它的空间分布很不均匀。如果我们以东经107°为界，将中国大陆分为东、西两部分，那么西部6级以上强震的年活动速率是东部的7倍，由此我们可以明显地看出西部强、东部弱的特征。为什么我国西部的强震活动如此强烈，如此集中呢？这与它所处地理位置和构造环境有关。

西部地区主要有拉萨、羌塘、柴达木、祁连、川滇、塔里木、天山、准噶尔等地块。这些地块之间的边界带，是宽度变化不同、几何结构各异的变形带或构造活动带。欧亚板块与印度板块这两个大陆板块之间的强烈碰撞俯冲，不但在

拉萨布达拉宫

其边缘形成了雄伟的喜马拉雅山系，引起青藏高原地区地壳缩短、增厚、强烈隆起并作顺时针方向的扭动，而且还出现了以青藏高原为中心的向东、向东南和向北的扇形辐射状作

柴达木

天山

用，从而使地块之间产生相对运动和构造变形。如由于受到印度板块以60毫米／年左右的速率向北运动的作用，塔里木地块以平均14毫米／年左右的速率向北运动挤压天山山脉；柴达木地块除了本身发生褶皱外，还向北东以18毫米／年左右的速率运动；川滇菱形地块以10毫米／年左右的速率向南东方向运动。这种持续而强烈的作用是形成我国西部地区地震如此强烈、如此集中的根本原因。我国80%以上的强震都发生在这些活动地块的边界带上。

（五）地震的直接灾害和次生灾害

强烈的地震会严重破坏环境，也会给人类的生命和财产造成巨大的损失。我们把由地震引起的灾害，统称为地震灾害，简称震害。震害又可分为直接震害和间接震害两大类。间接灾害又可分为地震次生灾害和地震延伸灾害或者衍生灾害。

1. 地震直接灾害

地震直接灾害主要有：房屋倒塌和人员伤亡，铁路、桥梁、码头、公路、机场、水利水电工程、生命线工程等工程设施遭破坏，喷沙冒水、地裂缝等对建筑物、农田和农作物等的破坏。一般来说，直接地震灾害是地震灾害的重要组成部分。大震，特别是发生在城市和其他工程设施、人口高度密集地区的地震，可能造成数以万计的人员伤亡，有时甚至

公路

码头

机场

毁灭整个城市。例如，1976年7月28日，河北唐山发生的7.8级大地震，使整个唐山市变成一片废墟，共死亡24.2万人，经济损失高达100亿元；2008年5月12日发生的四川汶川大地震，直接灾害也很严重。

2. 地震次生灾害

（1）火灾。

地震时很容易引起火灾。1923年，日本关东大地震，大约死亡10万人，其中东京就有4万多人被大火烧死。房屋被震倒25万间，而被烧毁的房间有45万间左右。2011年3月11日13时46分，日本本州东海岸附近海域发生9.0级强烈地震，在重灾区宫城县气仙沼市，地震造成了大范围的火灾，火灾绵延数公里，火柱冲天，到处是滚滚黑烟，气仙沼市陷入一片火海；千叶的一家炼油厂也因此发生火灾，引发连环爆炸，导致3人受伤；一家制铁所也发生了火灾，致5人受伤；当时，东京多处大楼也相继传出失火的消息。

（2）海啸。

某些地震还会引发海啸，而且破坏力相当严重。例如，1896年日本三陆近海地震伴生的海啸，形成几十米高的海浪冲上陆地，把正在欢度节日的人们连同他们的房屋一起卷走。据统计，这次海啸使27122人丧失生命。

地震海啸不仅会对震中区附近地区造成严重破坏，有时还会波及几千米以外的地区，使人难以预防。例如，1960年智利发生的8.9级大地震，就使遥远的美

海啸

地震防范百科 DiZhenFangFanBaiKe

国和日本也遭到相当大的破坏。这次地震引起的海啸，浪高20米左右，一直波及到日本，将一条渔船推到岸上压塌了一栋民房。

造成最大灾难的地震海啸应属2004年发生在印度尼西亚海域的8.9级大地震引发的海啸。海啸波及整个印度洋沿岸，造成包括印度、印度尼西亚、泰国、斯里兰卡、马来西亚、孟加拉国、缅甸、马尔代夫等国30多万人丧生。

2011年3月11日，日本发生的9.0级强烈地震，是多震之国日本遭遇的历史上最强烈的地震及最强烈的海啸。强烈地震引发最高达10米的大海啸，瞬间扑向几乎日本全境沿海地区。截至北京时间11日晚，地震和海啸的遇难者至少1000人，失踪的人不可计数。

（3）水灾。

地震水灾造成的危害虽然比不上火灾、海啸那么严重，但也不可低估。1933年8月25日，四川叠溪发生的7.5级地震所带来的水灾，便是一例。地震时附近发生山崩，坠落的土石堵塞岷江，江中形成三条大坝，坝高在百米以上，江水断流达45天，水在坝前形成三个"地震湖"。再加上连下暴雨，湖水越积越高，到10月9日下午大坝溃决，60米高的水头，汹涌而下的洪水洗劫了下游两岸。以灌县为例，就冲毁良田600多公顷，死亡数人。1786年6月1日，中国康定南发生的7.5级地震，是我国引起水灾最大的一次地震，山崩使大渡河截流，十日后决口，几十万人因此死亡。

（4）瘟疫。

地震后经常会有瘟疫（如痢疾、伤寒等）流行。例如，1668年我国郯城大地震，人们遭到房屋倒塌之害，"其时死尸遍四野"，震后由于地下水污染严重，致使瘟疫流行，灾民痛不欲生。

（5）火山爆发。

有些大地震发生后，会触发活火山爆发，从而加重了受灾程度。

火山

（6）危险品爆炸。

地震破坏区如果存有危险品，地震时可能会发生爆炸，造成火灾等。

（7）毒气泄漏。

地震破坏区如果有大量毒气（如工厂中某些生产气体），地震时就容易发生毒气泄漏的情况，给人民生命财产造成更为严重的损失和危害。

危险爆炸品　　　　　　　　　　毒气泄漏

（8）滑坡和崩塌。

这类地震次生灾害主要发生在山区和塬区。地震发生时会引起强烈震动，使得原来就不稳定的山崖或塬坡发生崩塌或滑坡。这类灾害虽是局部的，但常常是毁灭性的，使整村或整户的人、财全被埋没。此外，泥石流、地裂、地面塌陷、喷沙冒水、地面变形等也都是地震的次生灾害，它们都可能造成人员伤亡，破坏建筑物，破坏交通运输，毁坏农田等。因此，在预防地震的同时，还要预防地震可能引起的各种次生灾害。

（六）地震仪是如何记录地震的

地震仪是用来测量地震引起的地面运动情况的仪器，它是由拾震器、放大器、电流计以及石英钟和记录器等多个部分组成。拾震器是接收地面运动的传感器。一条长线悬挂一重物，稍有振动，重物便会摇晃，这是最简单的摆。拾震器就是按照摆的原理设计的，地震时只需要记录下三个互相垂直的方向的移动，就能了解地震位移的情况。各类拾震器中的主要构件是弹簧和摆锤，起简单摆动重物和悬线的作用。将摆锤运动的机械通过换能器转换为电能，用放大器进行放大，然后由记录器记录，并同时记录下石英钟的时间，便得到了地震记录图，记录图上记录了地震的各种信息。

（七）影响地震灾害大小的因素

不同地区发生的震级大小相同的地震，所造成的破坏程度和灾害大小有时候是不一样的，这主要受以下因素的影响。

1.人口密度和经济发展程度
地震如果发生在无人烟的高山、海底或者沙漠，即使震级再大，也不会造成损失或伤亡。1997年11月8日，发生在西藏北部的7.5级地震就是这样的。相反，地震要是发生在经济发达、人口稠密、社会财富集中的地区，特别是在大城市，造成的灾害将是巨大的。

2. 建筑物的质量

地震时房屋等建筑物的严重破坏和倒塌，是造成人员伤亡和财产损失的直接原因之一。房屋等建筑物的抗震性能强弱、质量好坏，将直接影响到受灾的程度，因此，必须做好建筑物的抗震设防。

3. 地震震级和震源深度

震级越大，释放的能量也就越大，造成的灾害自然也会越大。如果震级相同，震源深度越浅，震中烈度越高，破坏性就越强。一些震源深度特别浅的地震，即使震级不大，也存在造成"出乎意料"的破坏可能。

4. 场地条件

场地条件主要包括地形、土质、地下水位和是否有断裂带通过等。一般来说，覆盖土层厚、土质松软、地形起伏大、地下水位高，有断裂带通过，都可能使地震灾害加重。所以，在进行工程建设时，要尽量避开不利地段，选择有利地段。

场地条件

5.地震发生的时间

一般来说，破坏性地震发生在夜间比发生在白天所造成的人员伤亡大。唐山地震伤亡惨重的原因之一就是因为地震发生在深夜3点42分，绝大多数人还在室内熟睡。有不少人认为，大地震通常都发生在夜间，其实这是一种错觉。据统计资料显示，破坏性地震发生在白天和晚上的可能性是差不多的，二者并没有明显差别，如2008年5月12日发生在中国四川汶川的大地震就发生在白天。

6.对地震的防御状况

在破坏性地震发生之前，如果人们的防御工作做得好，就会大大减少人员伤亡，降低经济损失。

（八）地震波的应用

地震波可以用于地震勘探。早在1845年，马利特就曾用人工激发的地震波来测量地壳中弹性波的传播速度。在第一次世界大战期间，交战双方都曾利用重炮后坐力产生的地震波来确定对方的炮位，这些可以说是地震勘探的萌芽。地震波的用途还远不止如此，下面我们来看看地震波还有哪些重要作用。由于用地震波进行地震勘探具有其他地球物理勘探方法所无法达到的精度和分辨率，所以，在石油和其他矿产资源的勘探中，也采用了这一方法——用地震波进行勘探。如今，用地震波进行勘探是石油和其他矿产资源勘探最主要和最有效的方法之一。

石油勘探

　　自然界的各种矿产资源在构造上都具有自己的特征，如石油、天然气只有在一定封闭的构造中才能形成和保存。地震波在穿过这些构造时会产生反射和折射，通过分析地表上接收到的信号，就可以对地下岩层的结构、深度、形态等作出推断，进而可以为以后的钻探工作提供准确的定位。

　　利用地震波还可以为国防建设服务。很多人会产生这样的疑问，地震波和国防建设之间有什么联系？截至2007年4月，已有138个国家和地区正式签署了《全面禁止核试验条约》（CTBT），并获得全面禁止核试验条约组织的批准。现在所面临的一个共同问题是，怎样才能正确有效地监测全球地下核爆炸，而这正是地震学的用武之地。地下核爆炸和天然地震一样也会产生地震波，会在各地地震台的记录上留下痕迹。而地下核爆炸和天然地震的记录波形是有一定差异的，根据其波形不仅可以将它与天然地震区分开来，而且可以给出其发生时刻、位置、当量等数据。

事实上，地震学的应用还远不止以上这些，还包括很多方面。例如，目前用地震勘探的方法预测火山喷发取得了很大的进步；对水库诱发地震的研究，为大型水库提供安全保障，如在我国的三峡工程建设中，库区地震灾害的研究就是工程可行性论证的重要内容之一；对矿山地震的监测是保护矿山安全的重要手段之一；地震学还可用于对行星的探测，通过对行星自由振荡的研究可以揭示行星内部的结构。因此，地震学这门古老的学科，正不断地获得新的活力，成为迅速发展的前沿学科之一。

虽然，直至今天地震之谜还没有完全解开，但是我们相信随着物理学、化学、古生物学、地质学、数学和天文学等多学科交叉渗透，以及航天监测技术、钻探技术、信息技术等高新技术的不断深入发展，地震科学将会取得长足进步，从而大大提高人类预测地震和抗御地震的能力，地震之谜也会因此而一一解开。

地震防范百科

二、地震的预防

（一）地震的预测和监测

1.我国地震预测水平现状

20世纪60年代，美国、日本、苏联等相继应用现代科学技术有计划地开展了地震预测研究。我国自1966年邢台地震以后开始大规模地进行地震预测的科学实验，基本上与美、日、苏等国家同步。经过40多年的努力，地震预测研究有了很大进展。然而，地震预测作为地球科学的前沿课题，许多科学难题至今在世界上依然没有突破，仍处于探索试验阶段，到现在还没有发展成为可操作的常规预测技术。况且发生大地震次数很少，到现场试验的机会很难得，加之地震预测与天气预报不一样，一旦向社会发布预报将会产生极大影响，不得不极其谨慎。

与发达国家相比，我国的地震预测研究在仪器设备、观测技术、数据处理技术、通信技术等方面仍有一定差距，但也有自己的一些特点。第一，我国已经取得的大震的观测资料，积累了很多地震预测和预报经验；第二，在总结地震预测经验的基础上，进一步研究了地震预测的技术程序，以及地震预测的判据、指标和方法，力求将地震预测研究向实用化方面推进；第三，曾对一些地震做出了较好的预测，取得了减轻灾害的效果，得到国际的认同。例如，1975年辽宁海城地震、1976年四川松潘地震的预测。

总的来说，目前我国地震预测的能力非常有限，水平仍然很低。只有极少数的地震能作出较准确预测并取得减轻灾害的成效，特别是没有前震活动和在那些地质构造标志不明显的地区的大地震，实现准确的短期临震预测并及时发出警报还非常困难。

2. 地震预测为什么如此困难

国际上公认的，有科学和应用意义的地震预测必须较准确地估计出未来地震的发震时间、发震地点和震级这三个参数，一个都不能少。曾有科学工作者提出以下判别标准：对地震预测依据的可观测量有定量描述；对未来地震的发震地点、发震时间和震级给出定量描述，包括误差范围；有详细的事先预测文字记录；过去曾做过成功的和失败的详细预测记录。多年的研究和实践证明，要完全达到这些标准是非常困难的。这有多方面的复杂多样的原因。最重要的是，目前人类探测技术有限，对地球内部的了解还差很远，正如人们所说的，上天容易入地难。对地震发生的规律性也没有完全弄明白，而且可能有的地震前兆、地震的类型多种多样，不同地区之间也有很大差别，没有普遍适用的经验可循。自1966年邢台地震以来，我国地震工作者进行了40多年的探索和实践，积累了一些经验和知识。地震预报的目前状况是，在一定条件下，只有在观测到明显的前震（大地震发生前的小地震）活动和其他异常现象时，才有可能提前做出一定程度的预报，例如，1975年辽宁海城发生的7.3级大地震。但如果没有明显的前震活动，即使有其他异常现象，有时也很难事先察觉到并及时做出比较准确的预测，例如，1976年河北唐山发生的大地震。目前，国际上对地震是否能够预测仍存在争议。一部分科学家认为，目前地震是不可能准确预测的，防震减灾的重点，就是加强工程抗震，也就是使建筑物、房屋更加牢固，即使发生大地震，也不会垮塌造成人员的伤亡，至多出现裂缝等轻微破坏。也有一部分科学家坚持，在一定条件下，可以对未来大地震作出预测，这样的探索研究还应坚持下去。

地震预报困难的另一个原因，是因为地震预报是政府行为，有关主管部门要发布地震预报，先要找从事地震预测工作的有关专业人员开会商议。由于预测手段不同、不同的地震观测台站根据不同的前兆异常得出的预测结论常常有很大分歧，谁也说服不了谁，最后导致有关主管部门很难做出

决断。

面对地震预测预报的现状，除了加强地震短期预测、临震预测的探索研究外，还要加强防震减灾工作，因为它是减轻地震灾害的更有效措施。

3. 地震观测的发展简史

地震观测是指用地震仪器记录人工爆炸或天然地震所产生的地震波，并由此确定爆炸事件或地震的基本参数（发震时刻、震源深度、震级、震中经纬度等）。地震观测之前应有一系列的准备工作，如台址的选定、地震台网的布局、地震仪器的安装和调试、台站房屋的设计和建筑等。仪器投入正常运转后，就可以记录到传至该台站的地震波（地震图）。分析地震波，识别出不同的波形，测量出它们的到达时刻、周期和振幅，然后利用地震走时表等定出地震的基本参数。将所获得的各次地震的参数编辑成地震目录，成为地震观测的成果，定期以周报、月报或年报的形式保存，在以后的地震研究中它们就是最基本的资料。

中国东汉时期的张衡在洛阳设置的候风地动仪，检测到了发生在甘肃省内的一次地震。这是人类历史上第一次使用地震仪器检测到地震。1889年，英国物理学家J.A.尤因和地震学家J.米尔恩用安置在德国波茨坦的现代地震仪记录到发生在日本的一次地震，获得了人类历史上第一张地震图。

从20世纪60年代初期开始，美国大地和海岸测量局

候风地动仪

（USCGS）设置了120个分布在世界各地的标准化仪器台站，称为世界标准地震台网（WWSSN）。随后，世界上的多震国家也陆续建立了尺度不同的地震台网。国际地震学中心在全球范围内收集和整理地震台的观测数据，把来自世界各地约850个地震台观测数据用计算机测定地震基本参数，并编辑出版国际地震中心通报（BISC）。随着微电子技术的不断发展，从20世纪70年代开始，地震观测系统采用了将接收信号数字化后进行记录的方式。数字记录地震仪具有动态范围广、分辨率高、易于与计算机联接处理的优点，非常有利于地震数据的快速、自动化处理和对震相的研究。由此，各国的数字地震台站的数量快速增加，使地震观测工作出现了一个新的飞跃。

（1）地震台网布设。

为了研究某一地区的地震活动，可布置一个由几十个至百余个地震台组成的区域台网，各台地震台相距数千米，或几十至百余千米。每个地震台测到的地震信号多是用有线电或无线电方法迅速传至一个中心记录站，加以记录处理。如果遇到地下核爆炸侦察这样的特殊任务，可布设一个由几十个地震台组成的、排列形式特殊的台阵，使台阵对某个方向

地震台网

51

来的地震波十分敏感，并且还可以抑制噪声。为了在预期将发生地震的地区观测前震和主震或为了研究大震的余震，还可布设一个由10～20个地震台组成的流动台网或临时台网，如果地震台上无人管理，各台所收到的地震信号会将数字地震信号记录在硬盘上。地震活动平息后，即可转移到其他地区进行观测。

我国多地震的省份都设立了区域地震观测网，目前，我国已有20多个基准台参加了国际地震中心的资料交换。

一般认为，研究全球的地震活动应每隔1000千米左右就要设置一个设备比较完善的地震台。随着数字地震观测仪器飞速发展，经过国际数字地震台网联合会的协调，目前，全球共布设了数百台数字宽频带地震台，其中包括中国和美国合作建设的中国数字地震台网（CDSN）的11个地震台。我国自主建设的国家数字地震台网（NDSN）的75个台站于2000年开始观测。

地震信号记录方式主要有三种。

可见记录：用一个与地震仪检波器相接的特制笔尖在一张不停地向前运动着的纸上把地震信号记录下来，使观测者可以随时看到记录到的地震波形。

硬盘或磁带记录：把地震信号用数字或模拟方式记录在硬盘或磁带上。它的优点是容量大，体积小，便于复制、携带和保存。这种记录方式为用电子计算机处理地震图提供了极大的方便。

照相记录：首先把地动信号转换成电信号，再送入一个镜式灵敏电流计中，供反射光点把地动记录在照相纸上。

（2）时间服务。

时间服务是指地震观测系统中的计时工作。在记录地震波形的同时记录下经过准确测定的震波各个震相的到达时刻，然后才能对地震作进一步研究。为此，要通过一定的装置使记录器与一个计时器相接，在地震图上记下时号、分号和秒号。以前地震台上计时是使用机械钟，现在多采用石英钟，每日误差在几毫秒或几十毫秒之内。通常情况下，数字地震仪采用GPS卫星接收系统校准地震记录中的时间标度，GPS卫星接收系统还可确定地震仪所在的位置（经度、纬度）。

一般计时和计算日序都使用现在通用的世界协调时（UTC）。有时候，为了使监测某地区的地震活动同当地时程一致，可以使用地方时。国际上交换资料时一律换算成世界时。

4. 中国数字地震观测网络的作用

中国数字地震观测网络由中国数字测震台网、中国地震前兆台网、中国地震活断层探测技术系统、中国数字强震动台网、中国地震信息服务系统及中国地震应急指挥技术系统6个分项目组成。项目围绕中国防震减灾工作的监测预报、地震灾害预防、紧急救援及科技创新体系，以全面提高中国防震减灾能力为主要目标。在数据采集、传输、分析、应用等方面已经全面实现了地震监测的网络化和数字化，通过在大中城市开展地震危险性评估为工程抗震设防和地震活断层探测积累了大量的实测数据，并且建成了信息灵、决策准、指挥有序、救援响应快的全国抗震救灾指挥体系。

我国数字地震观测网络项目竣工以后，我国对大地震的速报时间已经缩短到10分钟之内，对地球化学异常和地震地球物理异常的监测域已达国土面积的70%，对灾害性地震的响应时间已经缩短到25分钟之内，对地震活断层的定位精度已经提升到10米量级。同时，项目产出的各类实时数据，已实现跨行业、跨地区的数据共享，可为公众提供全面的、翔实的地震信息服务。

（1）中国地震前兆台网。

中国地震前兆台网由国家地磁台网、国家重力台网、地电台网、地壳形变台网和地下流体台网五大观测台网及台网中心和前兆台阵组成，共建成24个重力观测台，90个地磁观测台，100个地电观测台，130个地壳形变观测台，204个地下流体观测台，以及地壳形变、地磁、地下流体三个流动观测体系，在甘肃天祝、四川西昌首次建成两个前兆台阵，并建设完成国家重力台网中心、国家地震前兆数据中心、地壳形变台网中心、国家地磁台网中心、地下流体台网中心、地电台网中心以及31个区域中心地震前兆台网部。

（2）中国数字测震台网。

中国数字测震台网由国家测震台网、火山台网、区域测

震台网、流动测震台网及国家和区域台网中心组成，共建设两个海底地震试验观测系统、两个小孔径台阵、105个国家测震台、33个火山测震台、685个区域测震台及一个国家级流动地震观测系统、两个前兆观测台和一个国家台网中心和32个区域台网中心，以及19套区域流动地震观测系统。

（3）中国数字强震动台网。

中国数字强震动台网分项目由大城市地震动强度（烈度）速报台网、固定强震动台网、国家强震动台网中心、强震动流动观测台网、强震动专用台阵及区域强震动台网部组成，共建设1个国家强震中心、3个区域强震动台网部、5个速报中心、12个专用台阵、310个烈度速报台站和1154个固定强震动观测台站。

我国数字强震台网集中布设在中国21个地震重点监视防御区内，其中，13个二级重点监视防御区内在每1800平方千米（1平方千米＝100公顷）内设置一个台站，如果监控区内发生4级以上地震时，至少有一个台站获取到强震动记录。8个一级地震重点监视防御区内，每600平方千米一个台阵，如果监控区内发生4级以上地震时，会有多个台站同时获取到强震动记录。

中国数字强震动台网在昆明、乌鲁木齐、兰州、天津、北京5个大城市建设的烈度速报台网，能够在台网覆盖范围内发生4级以上地震后不超过10分钟的时间内确定地震动强度的分布。

地震防范百科
Di Zhen Fang Fan Bai Ke

5. 地震参数的测定方法

有了地震图以后，就能依据地震波形及其到时来测定地震参数。在对地震图进行分析处理时，首先要根据波动持续时间和波形特征来判断该地震是属于地方震、近震，还是远震或极远震。其次根据面波是否发育来判断该地震是属于浅源地震、中源地震，还是属于深源地震。在此基础上正确地识别各震相就比较容易了。

（1）震中位置测定。

由多年观测的数据，可以把震中距（从已知地震的震中到已知地震台的距离）和震相的走时（各震相从震源传播到各地震台所需的时间）绘成一组走时曲线或编列成走时表。当地震发生时就可以利用某两种波的走时差来求得震中位置。例如，两种地震波P波和S波，P波的传播速度比S波快，因此，P波同S波就有一个到时差。到时差越大，震中距就越大，那么地震就越远。量得了这个到时差S-P，就可以从走时曲线或走时表上查出震中距。另外，我们把记录到的P波的3个分量的振幅除以仪器的放大倍数，然后计算出地动位移的大小；再将3个分量合成地动矢量，就可以判明地震波传来的方向。有了方向和距离，就可以测出震中位置。仅用一个台的测定数据，来测定震中位置是不够精确的，如果用多个台的数据测定精确度就高多了。例如，采用3个台的数据，就可以求得3个震中距，以各台为圆心，以3个震中距为半径，所作的3个圆相交于一点或近乎相交于一点，这点就是震中。

震中位置确定

如果距离比较近，还有许多震相可以利用，作图方法也有很多种。如果震中距超过1000千米时，就必须考虑地面的曲度，而不能把地面视作平面了，必须用球面三角方法来计算震中位置。

上述作图方法虽然简单、直接，但是对远震很不适用，如果方位有微小的误差，在远处就可能会引起很大的误差。现在常用的方法是先假定一个大致的震源深度和震中位置，由此计算出地震波从震源传播到各地震台的走时，并且与实际观测值相比较，然后对假定的震源深度和震中位置加以修正，再重复上项计算，如此迭代直至误差小到令人满意为止。这种方法应尽可能多地利用各台站的观测数据，以便得到比较准确的结果。

（2）发震时刻测定。

测定震中位置或者是震中距离以后，就可以用公式算出或按走时表查出某个波的走时，从观测到的该波的到时中减去此值，得到的就是发震时刻。

（3）震源深度测定。

如果已经测定地震是近震时，可以用作图法测定。从震源至地震台的震源距离D同S波与P波的到时差S—P成正比。在该区域内S波速度的倒数同P波速度倒数差称为虚波速度，在不大的范围内这个值尚且稳定。如果共有3个台观测到某个地震，就可以在这3个台所测到的S—P乘以虚波速度为半径，以此3个台为中心，画3个向下的"半球面"，这3个"半球面"相交之点就是震源。用简单平面作图法可以求得其深度。如果是远震则不能用这种方法。远震发出的波有一部分P波从震源直接传到地震台，另外，也有一部分P波先近乎垂直地传至地面，经反射后再传到地震台，我们把这一部分取名为pP波。因pP波与P波的到时差是震源深度与震中距的函数，由此就可以计算出震源深度。当这类震相辨认不清时，测定震源深度就很困难。

（4）震级测定。

地震强弱或大小用震级表示。地震越大，震级数也就越大。地震仪上所记录到的地动位移振幅除了与震级有关外，还同仪器的自然周期和放大倍数、震中距、地震波的传播途径、仪器的安置方式以及台站的地质条件等有关。台站地质条件的影响和传播途径常被视为一种固定的改正值；仪器的安置和性能也是不轻易改变的，故从地震图上量得地震波的最大幅度以后就可以计算震级。

6.地震三要素预测

地震预测必须包括地震"三要素"，即未来发生地震的时间、发生地区和震级。地震三要素是一个整体，缺少其中任何一个要素，地震预测就失去了意义。自邢台地震以来，经过40多年的反复实践，地震工作者积累了很多预测地震的经验，总结了大量预测地震三要素的方法。

（1）震级预测。

由于地震是震源体应力应变不断积累的结果，地震越大，应力应变积累的强度和时间往往也越大，且震源区体积也越大。这些特点反映在地震前兆上，则表现为震级也大，前兆异常的空间展布范围大，地震前兆异常的持续时间长。

（2）时间预测。

所谓的时间预测是指根据地震前兆的发展过程来判断地震发生的日期。早期的前兆异常通常是渐变的、慢速的趋势性变化。越接近地震发生，异常变化越激烈，呈现为突发和快速的特点，同时还会出现多种动物习性的宏观异常等。根据这些异常可以把发震时间判断为几个月乃至几天之内。在临震时，还可能观测到地光、地声等。所以，根据这些异常的发展过程，可以逐步分析出地震发生的时间。此外，具体

地震防范百科 DiZhenFangFanBaiKe

发震日期的预测还需要考虑触发因素，如磁暴、节气日、朔望日等。

（3）地点预测。

从实践经验看，震中及其附近地区是由异常现象显露程度、异常出现的先后以及异常幅度的大小来判断的。一般来说，异常集中程度最高、发育最早和幅度最大的地区往往最接近震中。除此之外，地质构造分析和地震活动中空区、条带等异常图像，都可以为未来地震震中区的预测提供线索。

7. 渐进式地震预测

渐进式地震预报，是把地震孕育过程理解为由场到源分阶段的发展，根据各阶段地震前兆的表现特征将预报分为长期（几年至几十年或者更长时间）、中期（几个月到几年）、短期（几天到几个月）、临震等预报阶段，而提出的对大地震进行预报的一般性工作程序。

长期预测是根据地震活动性分析，应用相关研究和统计而做出的预测。预测时间比较长，预测范围也比较广。因此，长期预测实际上可以看做是强震预测的预备阶段。

中期预测主要根据震前相应时间出现的前兆异常，如空区等异常图像和能量释放加速、大震前数年中小地震活动出现条带、波速下降等异常，地磁、重力、地电、地壳形变、地下水化学成分等出现趋势性异常变化等而做出的预测。中期预测往往是针对长期预测有强震危险的地带圈定中期趋势

手绘新编自然灾害防范百科

异常相对集中的地区，并分别做出时间和震级的估计。

大震前几个月时间内的预测称为短期预测。这时往往在震源区及其附近出现更多的异常，在中期阶段出现的趋势异常此时也往往出现转折、加速或恢复等变化。最终成功预测的重要一环是正确识别短期异常并以此作出短期预测。

大震前数天内的预测称为临震预测。它是基于宏观异常现象和突发性的迅速变化的仪器观测资料做出的。目前，已观测到不少临震前出现的前兆异常，如地声、地光、电磁波、地电流、水化学成分变化、地下水位突变、动物习性异常及小震密集发生或平静等，分析这些突发性异常的出现和空间上的集中程度，可为预测地点和时间提供依据。此外，临震预测还需参考地磁场、引潮力活动等触发因素。

渐进式地震预测的思路和做法，国外有人称之为"中国式的地震预测程序"。

8. 地震预测的思路

第二次世界大战结束以后开展了一项探索性研究项目——地震预测。21世纪，随着经济的全球化和人口的城市化，地震引起的灾害已引起各国政府和社会公众越来越多的关注。全球地震监测能力迅速提高，地球内部物理学协会和国际地震学每年都召开学术会议，促进世界各国科学家进行合作，共同研究、改进地震预测方法。

地震预测的科学前提是认识地震孕育和发生的物理过

程，还包括地球介质物理、力学性质的异常变化。因为地震是宏观自然界中大规模变动的深层过程，它不同于实验室中在可以控制的条件下进行的样品试验，其影响因素过于复杂，还可能存在人类未知的因素。因此，目前人类对地震成因和地震发生的规律知之甚少。在当代科学技术条件下，人们还不能直接或间接地深入地球内部进行观测深层介质的物理状态，因为测量过程本身就会打破原有的状态。人们所能做的只是在地面上观测某些物理量，这种观测通常又是不完全和不完善的，况且还不能确定所观测的物理量异常变化是否与地震的发生真正相关。这就是地震预测研究所面临的最大困难，地震预测仍是一个国际性的科学前沿问题。

地震预测研究有三种不同的思路。

（1）地震统计。

运用数理统计方法，对以前已经发生的地震进行研究，从中找到地震发生的规律，特别是时间序列的规律，根据过去推测未来。这种方法把地震问题归结为数学问题。运用这种方法来预测地震存在某些弊端，由于需要对大量地震资料作统计，研究的区域通常很大，因此，判定地震的地点非常困难，而且推测常常不准确。

（2）地震地质。

地震发生在地壳的中上层，因此认定地震应属于地质过程。根据已经发生过的大地震的地质构造特点，建造地震发生的物理模型，进行数学模拟，有助于今后判定哪个地方具

备发生大地震的地质构造。但有些地震发生前，地质构造往往不太明显，地震发生以后才发现有某个断层与地震有关。

（3）地震前兆。

地震是地球介质的破裂，因此认定地震的发生应属于物理过程。观测地下水等的异常变化以及地球物理场各种参量，可能会找到有用的地震前兆。地震前兆研究中遇到的最大困难是，常常遇到各种人为的和天然的干扰，而所谓的前兆与地震的对应往往也是经验性的。到目前为止还没有找到一种可靠的普遍适用的前兆。

上面提到的三种思路都具有片面性，都不能独立地解决地震预测问题。地震预测实际采取的方法是把多种不同思路所得出的结果放在一起进行对比参照，力求对未来的地震活动作出估计。目前，科学家已经对一小部分具有明显前兆现象的地震作出预测，而对于大多数没有明显前兆现象的地震预测，远没达到可以实用的程度。

地震前兆

9. 地震预测研究

我国目前地震的预报、预测主要建立在对地震前兆异常的观测和判定上。经过系统的清理和研究，自1966年河北邢台地震以来，我国已在70多次中强以上地震前记录到1000多条前兆异常。

这些前兆异常可归为10大类，即地壳形变、地震学前兆、重力、地电、地磁、地下流体（水、汽、油、气）动态、水文地球化学、应力应变、气象异常以及宏观前兆现象。对这些前兆现象，都有相应的监测方法和手段。每一类地震前兆又需要多种监测手段和异常分析项目。如地壳形变中就包含有大面积水准测量、海平面观测、湖面观测、断层位移测量、地面倾斜观测等手段。地震学前兆分析项目是各大类前兆中最丰富的，包括地震活动分布的条带、空区、地震频度、集中、应变、能量、震群、前震、地震波形、波速、应力降等30多种。宏观异常项目也是丰富多彩，如地光、地声、火球、喷气、喷油、喷水、地气雾、地气味、井水冒泡、翻花、突升、突降、变味、变色、井孔变形、各种

地光

动物行为的反常现象，等等。地震前兆的丰富、多样和综合的特点是由地震孕育和发生过程的复杂性决定的，地震前兆现象可分为10大类，但是包含的观测手段和异常分析项目已经达到近百项。

（1）地球物理场的异常变化能否预测地震。

地球物理场是指地球的磁场、电场、温度场、重力场和应力场。理论研究设想：在一个较大地震发生之前，特别是临震之前，地壳在很大范围内都可能发生物理性质的异常变化，因此，有可能用仪器测量这些信息，为地震预测服务。

国内外实践证明，如何从实际观测数据中识别出真实有用的信息，同样是未解决的难题之一。地质学家正在不断进行探索实验。国内外已将空间观测技术用于这种探索，如依据人造卫星探测到的电离层异常、热红外异常等方法来作地震预测。

（2）地下水变化能否预测地震。

在我国，已建立了全国范围的、规模很大的地下水观测网，通过对井水水位和它的化学成分变化试图发现大地震的前兆信号。实际上，水质变化和地下水的水位与许多因素有关。如地下水水位的变化，就与周围河湖水系的连通情况和取水用水情况，与观测井含水层本身的状况，与气候（气温、蒸发、降水、气压等）变化等因素有关。所以，虽然从理论估计，地下水对地壳变动敏感，也许地震前会有预期的异常发生；而实际上，即使出现了异常，要判定这种异常就

是地震前兆也非常困难。可以说，这项观测要达到成功的可广泛应用的程度，还需要继续试验研究。

（3）地震和天气异常或旱涝是否有关系。

有学者认为，地壳与大气层之间有相互作用。大地震发生前几年，震中所在地区的旱或涝现象可能与地壳的变动有关，临近大震前可能有异常的降雨或闷热等反常天气。但地震毕竟是地球内部的变形结果，它与大气层的关系可能更加复杂，对上述观点还要从实际观测进行更多检验，还不能作出明确的结论。

10. 地壳形变观测的新方法

地壳形变发展到一定阶段会产生地震，形变贯穿地震活动的全部过程。显然，地壳运动所产生的，不论是垂直位移还是水平位移，都可能与地震有关，但是形变在各阶段表现并不一样。一般情况下，我们把与地震活动有关的地壳形变分为四个阶段：第一阶段是缓慢平稳的积累，时间长、速度慢；第二阶段是不稳定积累，方向改变、速度增加；第三阶段是积累达到极限，介质破裂，弹性应变能突然释放（地震发生）；第四阶段是地震后剩余形变释放，速度开始变得缓慢，逐渐恢复正常。

近年来，地壳形变观测有了新的方法，就是利用全球定位系统（GPS）进行观测。

地震活动异常包括地震波速异常、地震活动性异常、震

地壳形变观测的新方法

源机制异常等。地震波速异常是指当震源区物理状态或介质的物理性质改变时，地震波速度发生的变化。地震波速度异常持续的时间越长，震级就越大。

一般情况下，地震活动性异常是指地震活动性在时间、空间、强度方面显示的异常现象，常见的有背景性地震活动的增强和减弱、地震空区、6值异常、前震活动等。

（1）背景性地震活动的增强和减弱。

大震来临前在未来的震源区内地震活动的减弱与周围地区地震活动的增强。

（2）地震空区。

空区分为两类，一类是地震活动带上被中小地震包围的前兆空区；另一类是地震活动带上还没发生大地震的地段。

（3）6值异常。

6值是表示大小地震数目按震级分布的一个参数。大震前，震中区及其附近的地壳内，岩石结构和应力状态都可能发生明显变化，与此相应的6值也偏离正常值，出现异常低值或异常高值。

（4）前震活动。

前震出现在大震前几分钟至几十天不等，在震源区可直接观测到异常活跃的地震活动。虽然前震对地震预报有着重要的意义，但并不是所有的大震前都能观测到前震。

震源机制异常是指地震前孕震区内小震发震应力轴的方向，从正常时期的随机分布变为以某一方向为优势的整齐排列，地震来临前会发生优势方向的转动。

震前地磁异常可能是一种与应力变化有关的压磁效应。它是指地震前观测到地磁场分量（水平、垂直和偏角）及其总强度明显偏离背景场的异常变化。

其实在实践中仍然存在很多问题，例如，有时候会观测到这些现象，但是随后并没有发生强震。由此可见，目前对地震前兆预测的认识水平还比较低。

11. 地震监测台网的用途

地震台网是用来监测地震活动和记录地震的。为了研究和监测某一地区的地震活动，可布置一个区域台网，区域台网由几十个至百余个地震台组成，各台相距不等，有的相距数千米，有的几十千米，有的甚至有百余千米。各台检测到的地震信号传到一个台网中心，加以记录处理。如果是一些如侦察地下核爆炸的特殊任务，可布设一个排列形式特殊、由几十个地震台组成的台阵。为了在预期将发生地震的地区观测前震和主震，或为了研究大震的余震，还可布设一个由10～20个地震台组成的流动台网或临时台网。地震活动平息以后，即可转移到其他地区进行观测。

地震台网的一个重要用途，就是在地震发生以后，能很快地给出地震有多大、地震在哪里发生等一系列信息，这就是所谓的"大震速报"。"大震速报"是政府进行决策的一个非常重要的依据，如遇到灾难性的大地震，"大震速报"可使各级政府争取时间，在最短的时间内组织社会力量，最大限度地挽救生命，全力以赴投入抗震救灾，减少损失。1976年，河北唐山地震发生后，3个小时还不知道震中的确切位置在哪里；而2008年5月12日的四川汶川大地震发生后，我国地震台网在10分钟之内就准确地找到了震中，为党中央和国务院领导和部署抗震救灾争取了时间。通过两次地震灾害的两种不同结果可以看出，我国地震监测台网30多年的发展和进步。

另外，地震台网记录到的地面运动和地震的资料和强地面运动研究和地震危险性研究的输入参数。

地震监测是预防地震和减轻灾害的基础。1949年中华人民共和国成立以后，我国的地震观测网建设得到了很大的发展，特别是1966年河北邢台地震以来，我国建成了覆盖全国大部分地区，包括形变、测震、流体、电磁四大学科几十种观测手段的数字化综合性地震监测台网。"十五"期间，我国通过实施数字地震观测网络项目，建成了1200多个国家、省和市（县）三级管理的地震监测台站。建立了15000余个群众监测点，布设了总长度达数万千米的流动观测线路，形成了固定观测与流动观测相结合、多种学科相结合、专家群众相结合的覆盖全国的地震观测网络，从而进一步提高了我国地震速报能力和地震监测能力，大大提升了地震发生后的应急处理水平。目前，首都圈地区可以监测1.0级以上地震，速报时间在10分钟之内；省会城市和东部地区可以监测1.5级以上地震，速报时间在15分钟之内；其他地区可以监测3.5级以上地震，速报时间在25分钟之内。

12. 震源机制监测和预测地震的意义

我们把对震源区发生地震的力学过程的解释模型叫做震源机制，也称地震机制。

一般情况下，引起地面振动的地震波来源于地下岩石的快速、突然的破裂，这个破裂面就是震源，震源在地面上常常与已存在的断层相关，但也有一些震源断层不向上延伸到达地表而是隐藏在地下。走向和倾向是描述断层的两个不同的几何参数，断层表面与水平面之间的夹角称为倾角，露出在地表的断层线相对于正北方向的角度是走向。

按断层沿其走向和倾向运动的方式，可把断层分为以下几种类型。断面上方的岩石向上运动，是逆断层；断层沿走向发生水平错动，是走滑断层；断层沿倾向垂直方向滑动，断面上方的岩石则向下运动，这是正（向）断层。在实际观测和研究中，可以根据力学模型和地震波的记录以及观察到的地表断层破裂现象来判断断层的几何形态，确定它是怎样破裂的、如何扩展的，以及相应的作用力的方位等。地震断层的倾向、走向、倾角，以及震源附近主张应力、主压应力的方向等参数，构成地震断层面解或震源机制解，进一步可求得断层的破裂速度、破裂方向与应力降等参数。这些参数主要依据地震仪的记录求出。

依据震源机制，按地震断层类型，地震分为以下几种类型：

逆冲型地震、走滑型地震、正断型地震和其他类型的地震。地质学中的逆断层、走滑断层、正断层等概念，可以用来描述地震位错的方向和地震断层面的几何形态。研究表明，非走滑地震和走滑地震具有的性质大不相同，例如，地震强余震的频度和能量辐射的方式等。1976年，河北唐山大地震是右旋走滑断层运动造成的，属于右旋走滑型；2008年，四川汶川地震则与逆断层有关，属于逆冲型地震。

研究震源机制和震源物理对地震预测和监测的意义非常重大。

自古以来，世界各地对于地震的发生都有大量的猜测和

地震防范百科

DiZhenFangFanBaiKe

传说，直到20世纪初，人们对地震才有了比较科学的认识。1906年，美国旧金山附近发生强烈地震。在地震发生前后，地震学家们对发生地震的圣安德烈斯断层进行了大地三角测量。在测量过程中，美国地震学家里德发现，沿圣安德烈斯断层的东西两侧，在地震发生之前发生了明显的方向相反、大小相等的水平剪切运动，运动总幅度有6米之多。发现这一现象后，里德不断地探索研究，终于在1911年，提出了地震发生的弹性回跳理论。从此以后，地震学界普遍认为，地震是由于地球上部沿地质断裂发生滑动而产生的。日本于1923年发现了地面初动的四象限分布，并且运用单力偶模型解释这种奇异现象，为弹性回跳理论提供了有力证据。美国拜尔在1938年顺利发展了最初的震源机制求解方法，首次提出了震源断层面解的方法。此后，震源运动学研究有了突飞猛进的发展。20世纪末期，随着地震和断层研究的不断深入，相关研究专家发现地球上存在很多断层，但只有那些第四纪以来的活动的断层才与地震有关，因而提出了活动断层概念，即现今正在活动或断续活动的断层。活动断层的研究是地震成因研究领域的前沿。

国际上板块构造理论的提出、地幔计划的完成和测震技术的发展，推动了对震源的研究。震源物理主要研究地震孕育、地震发生的物理过程，以及所涉及的一切物理现象，其中包括一些物理化学现象。震源物理的研究内容包括：动力学、震源运动学和其他物理学研究。由于浅源地震对人类形成的威胁是巨大的，所以，人们对浅源地震发生过程的认识已经相对成熟，而对深源地震的机制仍然存在很多争议。

20世纪50年代末提出了位错理论，它是一套从断层角度描述浅层震源的理论。位错理论将浅震震源简化成力偶作用，用震源机制来描述与此相关的断层性质。地震的所有前兆都是由震源区及岩石物理状态的改变而产生的，因此，了解地震形成的物理过程是预测地震的关键。人们在弹性回跳理论的基础上，又提出了很多复杂的孕震模式，如日本学者金森博雄和竹内均于1968年提出逆断层的发震模式和1970年美国R.O.伯福德和J.C.萨维奇提出的根部蠕滑模式。地震孕育机制不同，结合震源区的具体情况会产生不同的地震前兆。20世纪60年代在断裂力学和地震学发展的基础上，震源物理学理论研究有了进一步的发展，产生了两个经典地震前兆模式：膨胀—扩散模式和断层失稳模式。这两种模式在预测地震方面取得了一定的成功，但正确的地震前兆模式还需要进一步综合震源的动力学、运动学等学科进行研究。

13. 地震应急预案的四落实

我们把地震发生前所做的各种应急准备以及地震发生后采取的紧急抢险救灾行动统称为地震应急。为了保障地震应急工作"高效、快速、有序"的进行，最大限度地减少经济损失、人员伤亡和社会影响，首先要做好地震预案工作。凡事预则立，不预则废，科学的预案在实施应急救援工作时会

应急措施

起到非常重要的作用。有效的地震应急措施能大大减轻地震所造成的经济损失、减少人员伤亡，而制订地震应急预案是采取正确地震应急措施的基础。在地震前制定破坏性地震应急反应预案，贯彻了"预防为主"的方针，是提高政府防灾职能的重要对策。一旦发生地震，各级政府和有关部门，就能有条不紊地按预案实施减灾行动，从而争取时间，减少灾害造成的损失。

地震预案主要包括四个方面的内容：第一，要建立组织领导系统，明确组织队伍，明确人员的责任分工；第二，在震情紧急时，要明确任务，能各负其责地去履行职责；第三，要有足够的物资准备，需要的时候能随时拿得出；第四，要配置防御和救灾措施。四个要点总结为一句话，那就

建立组织领导系统

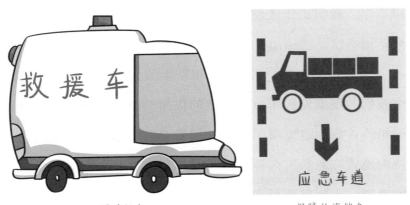

明确任务   保障物资储备

是组织、任务、物资、措施"四落实"。

　　大到国家、单位，小到家庭都应该制定有效的应急预案，若条件允许，要经常根据预案进行演练，提高其熟练程

救灾措施

度，做到胸有成竹、有备无患。现在，我国建立了国家级的预案、各级政府的预案、行业的预案，以及事业、企业单位等不同的预案，都是针对地震灾害的特点以及单位的、行业的特点来制订的，保证突发事件或者地震发生之后紧急响应工作、救援工作能够及时、高效、有序。经过这几年的发展，预案建设已经初步形成了一个体系。

　　2008年5月12日，四川汶川发生的大地震，在这次地震中我们的预案发挥了极其重要的作用。经过四川汶川大地震的检验，我们也发现了原先的预案存在的不足，在如何应对特大地震应急救灾过程中，还应该加强行业之间、部门之间的协调，不断完善预案内容中的协调性，将来更好地应对大灾的考验。

14. 我国地震预报的具体规定

　　地震发生的时间、地点、震级称为地震的三要素，地震预报内容主要包括地震"三要素"的预报。目前，有些科学家认为，应考虑再增加地震可能造成的"经济损失和人员伤亡"两个要素。另外，按照地震预报的时间尺度又可分为长期预报、中期预报、短期预报、临震预报和震后震区余震及趋势预报5个阶段。

上述预报中，特别是短期预报和临震预报，只能由国家指定的专门机构发布，是政府行为。不管是专业的还是业余的、集体的或个人的，对上述地震预报内容所持的判定意见或分析结果，只能向上级有关主管部门上报，而不能自行向公众散布或发布。因此，有必要区分"地震预测"和"地震预报"这两个概念。"地震预测"是有关人员为地震预报提供的参考资料或意见。"地震预报"是指有关政府部门对公众发布的、未来一定时间内将要发生破坏性地震的公告，从《中华人民共和国防震减灾法》第二章第16条可以看出，关于"地震预报"和"地震预测"这两个词是清楚地区分了的："国家对地震预报实行统一发布制度。……任何单位或者从事地震工作的专业人员关于短期地震预测或者临震预测的意见，应当报国务院地震行政主管部门或者县级以上地方人民政府负责管理地震工作的部门或者机构按照前款规定处理，不得擅自向社会扩散。"考虑到地震预报的发布所带来的对经济社会的巨大影响，区分这点很有必要，能使老百姓更清楚地知道以后发生地震该信谁的。

地震防范百科

DiZhenFangFanBaiKe

发布地震预报的规定

我国对地震预报的发布具体规定有哪些呢？

1988年6月7日，国务院批准了《发布地震预报的规定》。具体规定如下：

（1）地震预报是对破坏性地震发生的时间、地点、震级的预报及地震影响的预测。预报分为长期、中期、短期、临震四种。

（2）发布地震预报的权限。

①地震长期预报，由国家地震局组织其他有关地震部门提出，向国务院报告，为国家规划和建议提供依据。

②地震中期预报，由国家地震局或省、自治区、直辖市、计划单列市地震部门提出，经有关省、自治区、直辖市、计划单列市人民政府批准，并对本行政区域内的重点监

视区作出防震工作部署，同时报告国务院。

③地震短期和临震预报，由省、自治区、直辖市、计划单列市地震部门提出，经所在省、自治区、直辖市、计划单列市人民政府批准并适时向社会发布，同时报告国务院。涉及人口稠密地区的，在时间允许的情况下，应经国务院批准后再行向社会发布。

④北京地区的地震短、临预报，由国家地震局负责汇集其他地震部门的预报意见，进行综合分析和组织会商后，提出预报意见，经国务院批准，由北京市人民政府向社会发布。

⑤向各国驻华使领事馆、外交机构通告地震短、临预报的工作，由外交部或地方人民政府外事部门，根据省、自治区、直辖市、计划单列市人民政府发布的预报意见进行。

⑥在已发布地震中期预报的地区，无论已经发布或尚未发布地震短期或临震预报，如发现明显临震异常，情况紧急，当地市、县人民政府可以发布48小时之内的地震临震警报，并同时向上级报告。

（3）发布地震短期和临震预报，要明确提出时间、地点、震级及地震损害估计，以便采取相应的防震、抗震措施。该预报在预报期限内有效，至期未震时，有关部门应重新研究，由原发布机关做出撤销或延期的决定，并妥善处理善后事宜。

（4）各级地震部门、地震台站及地震工作者、群测点及

测报员以及任何单位或个人，在地震预报意见未经人民政府批准发布前不得向外泄露，更无权对外发布。

（5）有关地震预报的新闻及其他与地震预报有关的抗震、防震措施的宣传报道，均由新华通讯社统一供稿，其他任何部门和单位不得擅自报道。

（6）新闻、宣传、文艺等部门应实事求是地进行地震知识和地震工作的宣传报道。涉及地震短临预报水平的宣传报道、写实的文艺创作，在发表前应征得国家或省级地震部门的同意。

（7）国家鼓励地震预报方面的国际科技合作与学术交流。但未经国务院批准，任何部门和个人不得以任何形式承担和发布涉及他国的地震预报。

（8）对违反上述规定的单位或个人，应当根据情节轻重，由其上级主管机关或所在单位，对直接责任人员给予行政处分。构成违反治安管理行为的，由公安机关依照《中华人民共和国治安管理处罚条例》予以处罚；构成犯罪的，由司法机关依法追究其刑事责任。

（二）地震前兆

在一次地震，特别是强烈地震之前，会出现很多异常现象，我们把这些与地震发生有密切联系的异常现象，称为地震前兆。我国古代先民在长期实践中，早就认识到地震是有

前兆的，并留下了丰富的关于地震前兆的记载。

按照地震前兆的性质划分可分为微观前兆和宏观前兆两种。

1. 地震的微观前兆

地震的微观前兆是指人类的感官无法察觉，只有用专门的仪器才能测量出来的地震前兆。地震的微观前兆主要包括以下几类：

（1）地形异常。

在大地震发生之前，震中附近的地壳可能会发生微小的变形，某些断层两侧的岩层可能出现十分微小的位移，当然，这种十分微弱的变化用肉眼无法看到，只能借助于精密的仪器，才能测出。分析这些资料，可以帮助人们预测地震。

（2）地震活动异常。

大地震很少，中小地震却很多，大小地震之间存在一定的关系。研究中小地震的活动特点，可以帮助人们预测地震。

（3）地下流体的变化。

地下水（泉水、井水、地下层中所含的水）、天然气和石油、地下岩层中产生和贮存的其他气体，这些都属于地下流体。用仪器测量地下流体的化学成分和某些物理量，然后研究它们的变化，可以帮助人们预测未来大地震的发生。

地下流体的变化

（4）地球物理变化。

在地震孕育过程中，地震震源区及其周围岩石的物理性质可能会出现微弱的变化，人们利用精密仪器测定不同地区重力、地电和地磁的变化，可以预测未来大地震的发生。

2. 地震的宏观前兆

地震宏观前兆也称为地震宏观异常，通常是指人们能直接观察到的一些自然界的反常现象。比如，花草树木不合时节的开花结果，动物行为和习性异常，井水、泉水、河水等出现异常涨落变化，天气气候变化反复无常，地下传来隆隆巨响声等。引起地震宏观异常的因素有很多，地震的孕育和

发生就是一个非常重要的因素。下面我们来看看常见的地震宏观前兆。

（1）动物异常。

在自然界中，各种各样的动物都在以各自的生活方式和特性生活在这个世界上。当地震这种自然灾害向人类发起进攻的时候，很多动物就成为人类的"盟友"，告诉人们地震就要来了，赶快躲到安全的地方。

马的异常鸣叫

据统计，目前，在地震来临前有异常反应的动物种类大约有130种，反应比较准确的有20多种，这些动物包括各种鱼类、鸟类、爬行类和哺乳类的动物。地震来临前不同种类的动物所表现的异常如下。

无脊椎动物：水生无脊椎动物在地震来临前有上浮、靠岸和活动加剧等异常反应，例如螃蟹。穴居无脊椎动物在地震来临前有出洞、群集、搬家等异常反应，例如蚂蚁。能飞翔的无脊椎动物在地震来临前有成群迁飞和大量出现等异常反应，例如蜜蜂。

鱼类：鱼类在地震来临前有发出尖叫、翻腾跳跃或昏迷不动，甚至死亡等异常反应。

两栖类：如蟾蜍和青蛙，如果在冬眠季节，在地震来临前有提早出洞的现象；如果在活动季节，在地震来临前有成群迁移或鸣叫、痴呆、上树爬高、雨后不鸣等异常。

爬行类：如蛇，地震来临前如果在冬季可能出洞，乱爬乱窜；如果在活动季节，常会出现集群一处盘曲不动的异常反应。

鸟类：如鸽、鹅、燕、鸡、鹰、麻雀、海鸥等，在地震来临前有惊恐不安、乱叫、惊飞、攀高、不进窝或呆痴、群集惊飞等异常反应。

哺乳类：大牲畜，如马、牛、骡、驴等，震前有不喜进食、焦躁不安、嘶叫、乱跑、俯地不动、不愿进厩等异常反应。

狗在地震来临前白天黑夜无目标连续狂叫或搬家或扒地或发疯似地乱跑，甚至咬主人。

狗无目标连续狂叫

羊、猪震前不进圈、不吃食、烦惊不安。

猫震前惊惶不安，发痴或惨叫，紧跟主人，见鼠都不捉。

老鼠在地震来临前如醉如痴、不怕人，甚至不怕猫，成群结对出洞乱跑。

人们在同地震灾害作斗争的长期实践中，总结出了利用动物异常预报地震的谚语：

群测群防搞预报，动物异常很重要。

牛马驴骡不进厩，猪不吃食拱又闹。

羊儿不安惨声叫，兔子竖耳蹦又跳。

狗上房屋狂吠嚎，家猫惊闹往外逃。

鸡不进窝树上栖，鸽子惊飞不回巢。

老鼠成群忙搬家，黄鼠狼子结队跑。

冰天雪地蛇出洞，冬眠动物复苏早。

蜻蜓大群定向飞，蜜蜂群迁跑光了。

青蛙蟾蜍闷无声，鱼翻白肚水上跃。

野鸡乱飞怪声啼，蝉儿下树不鸣叫。

园中虎豹不吃食，熊猫麋鹿惊惶嚎。

大鲵上岸哇哇哭，金鱼出缸笼鸟吵。

人人观察找前兆，综合分析排干扰。

方法简单效果好，家家户户能做到。

（2）植物异常。

植物在地震来临前也有很多不可思议的异常现象，主要

植物不合时令开花、结果

表现为：桃、李不合时令开花、结果，竹子开花，果树带果开花或树木枯梢等。

（3）气候异常。

地震来临前一到几年内常常会发生洪涝、大旱等灾害，要多加留心。临震前还会有气象异常和突变现象，如临震前天气突变、地气雾、热异常等。

（4）地下水异常。

埋藏在地壳上部岩层即岩石圈中的水称为地下水。如我们日常见的井水、泉水。

地震来临，地下水的变化是多种多样的，一般说来，水位升降变化比较普遍。此外，物理性质和化学组成改变的现象很多。如井水、河水、泉水、湖水等陡涨、陡落和泉水、井水等发浑、升温、变味、变色、井水冒泡、翻花等。

手绘新编自然灾害防范百科

Shou Hui Xin Bian Zi Ran Zai Hai Fang Fan Bai Ke

（5）地声异常。

在地震来临前几分钟、几小时或者几天，往往会有声响从地下深处传来，人们把这种声响叫"地声"。大地震来临前地声通常有以下几种：轰隆隆的雷声；炮声；机器轰隆声；撕布声；狂风呼啸声；沟内空响或"殷殷"之声。

80%的地声出现在震前10分钟左右，像石头在相互摩擦。如果地声不断，并且突然出现变声，这说明几分钟之内会发生一场大地震，临震前十几秒声响会更大。

地声是由于地震来临前地下岩石产生的大量裂缝和错位，而发出的高频地震波。仔细辨别你就会发现地声和城市里的噪声完全不同。当听到这种声音，就说明地震马上就要来临，应该立即采取防御措施，从而减少经济损失和人员伤亡。

地声

（6）频繁的小震活动。

频繁的小震过后，可能会出现一次大震。但并不是所有的大震前都有小震，还有些小震发生了，只是由于太微弱，人们没感觉到。

宏观前兆对地震预报意义重大。1975年辽宁海城7.3级大地震和1976年松潘—平武7.2级大地震来临前，由于人们观察到大量的宏观异常现象，为两次大地震的成功预报提供了十分重要的资料。

不过值得注意的是，上面所提到的各种宏观现象可能是由其他原因造成的，并不一定都是地震预兆。例如，井水的变味、变色可能是由于污染引起的。泉水和井水的小幅涨落可能是由于降雨的多少造成的，也可能是受施工和附近抽水、排水的影响；动物的异常表现可能与天气变化、发情、疾病、外界刺激等有关。

还有一点需要注意，不要把打雷的声音误以为是地声，不要把闪电、电焊弧光等误以为是地光，不要把信号弹或者烟花爆竹的燃放当作地下冒出的火球。如果发现了异常的自然现象，不要惊慌失措，更不能轻易做出马上就会发生地震的决定，应该弄清楚异常现象出现的地点、时间和有关的情况后，向政府部门或者地震部门报告，让专业人员调查核实，弄清事实的真相。

3.临震时的常见预兆

（1）临震时的常见预兆一：地光。

由于地震活动而产生的发光现象称作地光。地光有以下形状：

地光

条状闪光：类似电线走火或者雷电的闪光。

带状光：有闪状的，也有稳定的。

球状光：火球状、光团。

片状闪光：成片的闪光。

柱状光：自下而上呈烟火状、火把状的地光。

火状光：像冲天大火一样的地光。

地光的颜色有很多种，但主要是以蓝、红、白、黄为主。

在大地震中，人们在夜晚会看到地光，红光闪烁，其形状有球状、柱形、片状或是一条光带，将万物照得如同白昼一样。当红光逐渐变成蓝白光以后，几分钟后大地震就来临了。

有时候地光出现时还伴有低沉的"轰轰"声或"呜呜"声。

产生这种现象是由于地震即将来临时，地下深处岩石受力变形产生了很多小裂缝，岩石中的可燃物质氡、氩、氦、氙等气体从地下溢出，造成电磁异常，从而形成地光。

（2）临震时的常见预兆二：大自然的报警。

实际上地声多数在临震前几分钟内出现。一般情况下，声音越大，地震也就越大，声音越小，地震也就越小。当听到地声时，地震可能马上就要来临了，所以，可以把地声看做是地震来临前大自然的警报。

（3）临震时的常见预兆三：植物不合时令地开花。

很多植物提前或者在冬天就发芽开花，有的植物会大面积的枯萎死亡或者异常的繁茂等。

经科学家研究发现，地震来临前，含羞草有反常现象，白天的时候它的叶子是紧闭着的，夜晚的时候，叶子半张半开。当地震发生的时候，叶子全部张开。日本科学家经过18年的研究确认，含羞草叶子出现异常的张开关闭的状态是地震的前兆。不过，并不是含羞草所有的叶子闭合异常状态之后，都会发生地震。因为出现异常的原因很复杂，所以，不能轻易下结论，还要结合地震其他前兆进行进一步的研究确认。不过地震前有些植物会产生异常现象，这是不容置疑的。

如果发现了异常的自然现象，要向政府或者地震部门报告情况，让专业人员调查核实，弄清楚事情的真相。不要惊慌失措，更不要轻易做出很快要发生地震的结论，避免造成不必要的恐慌。

（4）临震时的常见预兆四：收音机失灵、日光灯自明。

地震来临前会出现地磁异常。其中最常见的地磁异常是收音机失灵，除此之外，还有很多机电设备不能正常工作，如无线电站受干扰、电子闹钟失灵、微波站异常等。

在1976年河北唐山大地震的前几天，唐山及其周围地区很多收音机失灵，调频不准，信号时有时无，声音忽大忽小，有时候还会连续出现噪声。有人还看到关闭的日光灯在夜间先发红后来居然亮起来了。据说，北京也出现了人在睡觉前关闭了日光灯，但日光灯没有熄灭，仍然亮着的现象。

收音机失灵

（三）预防地震要做的工作

1.制定破坏性地震应急反应预案

如果在地震来临前，制定了破坏性地震应急反应预案，一旦发生震情，各级政府和相关部门就可以做到有备无患，不至于慌乱，可以有次序地实施减灾行动。制定破坏性地震应急反应预案贯彻了"预防为主"的方针，是提高政府防灾职能的重要对策。

应急预案

2.工程防灾

防灾措施可分工程防灾和非工程防灾两大类。因为地震所造成的人员伤亡和财产损失，主要是因工程设施破坏和建筑物倒塌造成的，特别是如水电站、大水库、主要工矿设施、通信系统、交通枢纽等起重要作用的工程设施。所以，工程防灾是防震减灾的重要方面。

工程防灾措施主要包括：

制定工程建设抗灾规划。

制定各种工程抗灾法规和技术规范。

工程设防，重点在于易产生次生灾害的工业系统、生命线工程，以及水坝、水库、防汛抗洪工程等。

工程鉴定与加固，达不到抗震要求的工程要实施加固措施，提高建筑物的抗震性能。

3. 城市建设中应采取的防震措施

在城市建设中，震害防御是一项非常重要的工作，要与总体规划同步甚至要超前进行。城市抗震防灾在重视单个类项的防灾能力的同时，还要重视如何提高城市整体的防灾水平，只有这样才能更有效地减轻地震灾害。一般来说应考虑以下内容：

制定合理有效的地震设防标准，使防灾水平与城市经济能力达到最佳组合关系。

结合土地利用和城市改造，尽量缩小城市易损性组成部分，提高城市的抗震能力。

做好勘察工作，从地貌、地形、水文地质条件等方面评价城市用地，在有断层存在或可能发生滑坡的潜在不稳定地区，采取改善建筑物场地的措施或者将其指定为空地。

根据城市建设的地区特征，进行地震地质工作，研究不同场地的地震效应，进行地震影响小区域划分，为确定设防标准提供科学依据。

结合城市改造，对设防标准不达标的已建工程按照设防标准进行加固。

研究特定地点生命线工程的地震反应，制定生命线工程的抗震设计规范，同时尽量将生命线工程建成网状系统，这样有利于确保整体功能。

要严格控制建筑物密度和市区规模，降低人口密度，扩大街区，拓宽主要干道，增设街心花园或其他空地，确保城市疏散通道及出口。

调整工业布局，按照功能分区，按照环保防灾要求设计和改造城市。

加强城市管理立法工作，使城市管理科学化、秩序化。

加强地震科普宣传，使市民提高这方面的素养，增强应变能力。

地震科普宣传

4.加固旧房

对破旧房屋进行加固，能够起到安定群众情绪，保障社会安定的作用。发生地震时，还能够有效地保障人民群众的财产和生命安全，一举两得，作用不可低估。

常用的简单加固方法有以下三种：一是加固墙体。可采取拆砖补缝，钢筋拉固、附墙加固、增加附壁柱、设置"墙缆"、扶壁垛等方法，根据不同情况灵活采用。二是加固楼盖和房盖。如果屋顶移动，可加砌砖垛或者用铁管支顶；如

加固旧房

果是预制板被拉开、破损，可以采取用水泥砂浆重新填实、配筋加厚的办法；砖木结构的房屋，可用"扒钉"加强檩条与木屋架的联结；用垫板加强檩条与山墙的边结，木柱之间要加斜撑加固；屋顶倾斜要扶直；劈裂、糟朽的木屋架要增设附柱与附梁。三是加固建筑物的突出部分。如对高门脸、烟囱、出屋顶的水箱间、楼梯间等部位要采取适当措施设置竖向拉条，拆除不必要的附属物等方法进行加固。

5.及时修复损坏水道

下水道损坏，大量的水长期渗透在地基上，使地基强度降低，会发生不均匀沉降，最终导致房屋产生裂缝，大大降低房屋抗震能力。要想提高地基的抗震强度，要及时维修房屋周围漏水的管道。

6. 提高建筑物的抗震能力

要想提高建筑物的抗震能力，必须从以下几方面着手：

第一，地基选择在土质坚实的地方。地下水埋藏比较深，地震的时候地基就不致开裂、塌陷或液化。要想在不适宜建设的地基上进行建筑工程，首先必须要做好地基处理。第二，建筑物的平面、立面高度不要超过规定，避免太空旷，要力求整齐，尽可能使隔墙多，开间小，以增加水平抗震能力。如果有特殊要求，事先必须采取措施。第三，建筑材料要有足够的强度，薄弱环节或联结部位要加强，增加建

提高建筑物的抗震能力

筑物的整体性能，同时要保证施工质量。第四，及时维修养护。如果是国家投资兴建或者是单位的重点建筑物，必须请专业人员按国家地震局和国家建设部颁布的《建筑抗震设计规范》进行设计。

7. 正确选择建筑场地

建筑场地要选择开阔平坦的地形；地基宜选在密实黏土层和上微风化基岩上；尽量避开古湖泊、古河道等容易产生沙土液化的地带；基础深比浅了好，沉箱和整体性地下室基础最好。以上是指一般建筑物而言。对于重大工程、特殊工程、生命线工程和系统工程等，应按国家规定，在工程建设前做好工程建设场地的地震安全性评价工作。

8. 普及防灾减灾知识

积极宣传防震减灾知识，是提高全民防震减灾意识的重要举措。这项工作做得好，会有很多益处：

可以使社会各阶层和每个社会成员能自觉地、正确地理解地震、地震预报，采取正确的行动进行避震，降低损失，减少人员伤亡。

可以使掌握了地震知识的群众，及时准确地识别地震前兆并向政府或者地震部门报告，有利于提高抗御地震的自觉性和增强地震监测能力。

可以使广大人民群众增强对地震误传、谣传的识别和抵

地震防范百科
DiZhenFangFanBaiKe

制能力，减少地震损失。

可以使各级领导认识到地震灾害的严重性，从而加强防震工作。掌握一定的抗震对策，有利于加强防震工作的领导。

可以吸引社会上的致力于公益事业发展的有志之士，加入防震减灾行列，不断促进地震科技的发展。因此，地震知识的普及与宣传是一项经常性、战略性的工作。

（四）家庭防震

1.检查住房的环境和条件

检查居住的环境有没有不利于抗震的地方，很多时候，住房本来不会被震倒，但是却被周围其他建筑物砸坏。如果存在这种危险时，就要注意加固住房，必要的时候要搬迁或者撤离。

检查房屋的结构是否需要加固。

房屋是否年久失修？建造质量好不好？抗震性能不达标的房屋要加固，不宜加固的危房要撤离。

检查住房的环境和条件

2. 做好室内的防震准备

（1）家具物品摆放要安全。

防止倾倒或掉落伤物、伤人，堵塞通道；有利于形成三角空间，便于地震发生时藏身避险；组合家具要连接，固定在地上或墙上；高大家具要固定，把悬挂的物品固定住或拿下来，顶上不要放重物；阳台护墙要清理，把杂物、花盆等拿下来；把牢固的家具下腾空，地震时可以藏身避难；屋门口和走廊不要堆放杂物。

（2）卧室的防震措施最重要。

地震有时可能发生在夜晚，人在睡觉时警觉比较差，当被地震惊醒从卧室逃往室外路线长的话，会很危险。因此，按防震要求布置卧室非常重要；床的位置要避开房梁、外墙、窗口，安放在室内坚固的内墙边；床要牢固，条件允许可以加个抗震架；床要远离易倒易碎物或悬挂物。

（3）仔细放置好家中的危险品。

清理家中的危险品：

易燃物，如汽油、煤油、油漆、酒精、稀料等。

易爆品，如氧气瓶、煤气罐等。

易腐蚀的化学物品，如盐酸、硫酸等。

有毒物品，如杀虫剂等。

把用不着的以上物品尽早清理掉。

必须留下的要存放好，同时要防破碎，防撞击；防泄漏，防翻倒；防爆炸，防燃烧。

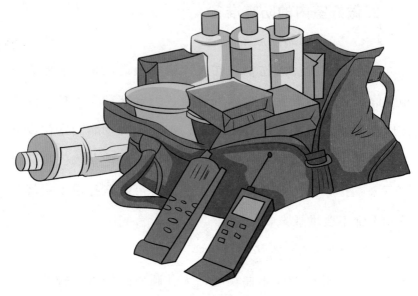

仔细放置好家中危险品

3. 平时应做的防震准备

地震是可怕的，它的发生也是随机的，它从不给你招呼，也不问你愿不愿意，说到就到，甚至在你还没有反应过来时，它就留下了巨大而深刻的足迹。

为每个家庭成员准备一个轻便型背包，里面放置现金、干粮、矿泉水、收音机、手电筒、雨衣、电池、轻便夹克、卫生纸等。

如果家中有老人或者病人，要把他们常吃的药准备一份放进背包。

购买一个急救专用药箱，地震时要带着走，最好能准备安全帽及手电等。带手电是因为地震时绝对不可以使用蜡烛或打火机，以免引燃煤气爆炸。而安全帽是为了防止房屋倒塌或落石。如果实在来不及准备时，也可以把枕头放在头上，避免外伤。

先贮存一些食物及必要的生活用品，如保暖衣物、饮用水和烧火用具等，特别是偏僻山区的人，一定要做好自救的准备。因为一旦交通受阻，救援人员可能两三天后才能赶到。

收集床单或绳子等东西，以备不时之用。

用身边任何入水可以漂浮的东西，自制简易木筏，如床、箱子、木梁、衣柜、圆木等，用以上物品绑扎而成。

4. 进行家庭防震演练

地震往往突如其来，震时应急，好多事都要在困难的环境下或极短的时间内做完，如疏散、紧急避险、撤离、联络等。所以，必要的家庭防震演练很重要。

按照应急预案，立即行动！

进行家庭反震演练

练习"瞬间紧急避险"，紧急疏散与撤离演练，并约定好家人震后如何团聚。

5. 家庭应急防震准备

学习地震应急常识，制订家庭应急预案，配备应急物品，准备好防震应急包，开展家庭紧急疏散、避险与撤离的演练活动。清理门口杂物、使庭院通道畅通，地震发生后便于人员撤离。将易燃、有毒、易爆物品转移到安全的地方。了解地震避难场所，熟悉避难场所周围的环境，地震时沿指定路线及时疏散。

学会关闭电闸、水闸和煤气。在煤气阀的旁边放一把扳手备用，把灭火器放在便利的地方，输水皮管常安在水龙头上，用于应急灭火。

住平房的要检查房屋，拆掉高门脸、女儿墙和处理其他容易坠落的危险物体，必要的时候可以加固房屋；住楼房的要清理杂物，疏通楼道，保证地震时通道畅通无阻。手机或电话放在方便的地方，要牢记消防队、急救中心、派出所等应急单位的电话号码。

危险品，如有毒物品、可燃性液体要存放在不会被打破、不会倒的安全器具内；把各种存物架的重物移到下部；煤气灶台、烧水炉用皮带缠绕几圈安全地靠在墙边，炉灶底要固定在地板上。

事先约定好家庭成员在灾难发生时失散后的团聚地点和

联络办法，避免地震后或者其他混乱情况下失去联系的情况发生。

平时要了解学校和家附近的应急避难场所，地震发生时可以迅速疏散到安全的地方。

6.怎样避免地震时物品伤人和火灾发生

家居物品摆放时要坚持轻的在上面，重的在下面的原则。把高大家具与墙壁固定住，将床放在内墙附近，要远离悬挂的灯具和屋梁，加固睡床。将屋顶的悬挂物如挂钟、灯具等系牢或取下，防止掉下或倾倒伤人；将牢固的家具（如桌子）下面腾空；床边不要放镜子、玻璃等易碎危险物品。柜架要固紧，柜门应用其他卡件或绳子系紧、卡死。防止地震时，柜架内的物品掉出来伤人。取下较高花架或阳台围栏上的花盆。

火灾是破坏性地震发生时最容易引起的次生灾害。原因是随着电网拉断，房屋倒塌，油库、煤气、天然气及石油或易燃易爆危险品的破坏遇明火等原因而引起火灾。

地震时怎样才能防止火灾的发生呢？要在平时加强对易燃易爆物品的管理工作。生产易燃易爆物品的工厂和储存易燃易爆物品的仓库，要与居民区保持安全距离。

为了防止地震时引发火灾，凡是性质相互抵触的易燃易爆物品，要分开储存。

凡遇到撞击、摩擦、震动后易起火的易燃物品，应采

取一定的措施，单独处理，可以放在固定的容器里，用沙子围护起来，搁置于安全的地方。对加油站、液化气站、煤气站等，要加强检修，发现滴、跑、冒、漏以及支架不牢等情形，要及时采取安全维护措施。

平时要加强对火源的控制，随时做好灭火的准备。很多家庭使用火炉，夜间封火的时候，最好放上一锅水。不要在火源周围放置易燃易爆物品。要根据具体情况，制订相应的灭火方案，要准备好充足的灭火工具，如灭火器、铁锹、沙土、水桶等。注意不要阻塞消防通道，覆盖住消防水源等。

如果接到地震预报或者感觉到地震来临时，要迅速地切断气源、电源，防止引起火灾。

震后搭建帐篷或防震棚时，要考虑灭火的必要。不要在棚内吸烟，更不要随便乱扔烟头。如果迫不得已，必须要用蜡烛、油灯照明时，要将其放在盛有沙土的碗碟或者盆内，最好带有罩子。

7. 应急包应备物品

应急包内应该备有下列物品：

（1）应急类物品。

手电筒、电池、哨子、方便食品、矿泉水、便携式收音机、口罩、雨衣、手纸等。哨子的主要用途是，万一被困或被埋，可以用吹哨子的方式对外联络或呼救，这样既节省了体力，声音又可传播得比较远。地震发生后，会造成灰尘和

应急箱

烟雾弥漫的情况，这时候戴上口罩，可以保护口鼻和呼吸系统，阻隔烟尘的熏呛。地震发生时，通常会造成电力中断，当震后转移时，特别是在晚上发生地震的时候，手电筒就会起到很大的作用。如果遇到和外界通信受阻的情况，收音机可以及时收听关于灾情和救援的情况，会让人情绪变得稳定。

（2）医药品。

止疼药、止血药、感冒药、止痢药、抗生素、抗破伤风等急救药品，急救袋、消毒液、绷带、消毒酒精等医疗用品。有可能的情况下还应准备下列物品：强化手套、安全帽、野炊炉具、硬底鞋、刀、开罐头器、笔和本、内衣、帐篷、睡袋等。

戴安全帽，在危险场合中可以保护头部。强化手套的正面涂了一层橡胶层，可以增强手套的强度，自救和互救时扒刨埋压物体时可以保护手部。硬底鞋是在地震现场活动时，保护脚部不被裸露的钢筋、碎玻璃等坚硬锐器伤害。

（五）青少年应做的防震应急工作

四川省安县桑枣中学平时很注重地震知识宣传，并且经常性地开展防震避险演习，在"5·12"汶川特大地震中，

该校无一人伤亡。由此可见，平时开展防震避险工作意义重大，关键时刻可以保住性命。

那么，青少年平时该如何进行防震工作呢？

青少年平时要学习地震常识，掌握科学的自我防御和救护方法。

青少年可按照学校、家庭的应急分工预案，确认工作职责、搞清家庭或学校的安全部位，以便应急躲藏、避险。

预先找好地震时躲避的地点和疏散路线，并做到道路通畅。

在老师或家长的带领下，在学校教室内或家里采取安全措施。例如，固定柜门，防止物品掉下伤人，加固立柜防止

青少年开展防震避险演习

青少年应做好防震应急的工作

倾倒伤人，用胶带或透明膜贴玻璃，防止碎片伤人，将重物低位存放。加固屋顶、梁柱和水泥板墙。准备好消防灭火器具，保管好危险物品。

注意防火措施。防止煤气炉、炉子在地震时翻倒；家中易燃物品要保管好；临震的时候，水桶、浴室要储水，准备好防火用沙，准备必要食品；要掌握必要的防火、灭火知识。

学会掌握基本的救护技能，如人工呼吸、包扎、止血、护理伤员和运送伤员的方法等。

学习地震前兆知识。如：大气中出现异味，井中水位突然上升或下降，飞鸟、家畜惊慌、电线之间有火花、荧光灯被点亮、室内有蓝光等。

预先找好家庭和学校的安全部位

青少年如果发现了地震异常现象，应该知道并立即向政府部门报告。但绝不能报告"地震来了！"，以免引起恐慌，更不要相信"有地震"的传言。

（六）防灾减灾工作的内容

在大陆地震活动较多的地区，在一定范围内，7级以上地震可能几十年或者几百年才发生一次。虽然大的破坏性地震发生的概率很小，但是一旦发生，其破坏性极大。因此，要不断努力从多方面进行预防，尽可能减轻地震灾害。目前做好防震减灾的工作主要包括以下几个方面：

1. 地震观测和预测

地震专业部门对可能的前兆现象和实际发生的地震活动进行连续的观测，尽可能对未来破坏性地震的大小（震级）、地点、时间提前做出科学预测。目前，地震预测仍是世界上未攻克的科学技术难题之一，仍处在探索研究阶段。

2. 地震预报

政府根据专业机构的预测意见决定是否向社会发布警报或预报。

3. 工程抗震

在经济条件允许的条件下，提高建筑物的抗震能力，这是减少财产损失和人员伤亡最重要的措施。根据"小震不坏、中震可修、大震不倒"的原则，对新建工程按抗震设防标准进行设计，对已经建成的建筑物中没有达到抗震设防标准的部分进行加固。工程抗震的核心问题是解决抗震安全与经济节省之间的矛盾，寻找最佳平衡点。

地震防范百科 Di Zhen Fang Fan Bai Ke

4. 紧急救援

在强烈地震以后应立即控制灾情，迅速对灾区实施救援，防止间接灾害蔓延，最大限度地减少损失与伤亡。这依赖于震前的充足准备、震时的应变能力以及快速、高效的组织指挥。

5. 社会防灾

政府为使政府各部门、团体、个人在灾害面前采取适当的协调行动，制定政策、方针、措施，包括地震立法。这项工作我国已完成。目前的主要工作是编制抗震防灾规划并组织实施。除此之外，还要发展地震保险，使全社会分担地震灾害损失；在平时储备财力以供灾时使用；定期开展防震演习，通过大量的科普宣传活动，提高公众抗震防灾意识。

6. 恢复重建

立即恢复地震灾区正常经济社会生活，完善城市生命线工程，进而根据地震小区划和基本烈度评定，确定重建家园规划。

7. 消除恐慌

在没有发现地震迹象，而由地震误传或地震谣言引起的社会恐慌，政府和地震部门要及时通过媒体向社会解释或澄清真实情况，消除恐慌，维护社会安定。

（七）不要相信地震谣言

1. 诱发地震谣言的因素

人们把既没有确切来源，又没有事实根据，仅凭主观想象猜测的地震消息称为地震谣言。地震谣言的产生比较复杂和多样，有直接诱发因素，也有社会文化和心理背景的影响。我国是一个多地震国家，中强地震发震频度高，分布广，破坏性大。特别是1976年河北唐山发生大地震以后，人们对地震的恐惧心理远远超过了其他自然灾害。由于目前地震预报工作仍处在探索研究阶段，只能对一小部分地震进行短期预报、临震预报，再加上广大群众缺乏对地震工作的了解，缺乏必要的地震知识，所以，在遇到以下几种情况时往往会产生地震谣言。

把某些不一定是地震前兆的现象，误以为是地震前兆。比如，某些个别的地下水异常现象、个别的动植物的异常现象、天体运动中的罕见现象以及偶然的气候变化等，都可能成为产生地震谣言的背景。

最新消息：明天这要发生8级地震……

你这是造谣，政府还没有通知呢，我才不相信你呢

地震谣言

把某些正常的地震工作，误以为将要发生大地震。比如，地震部门召开工作会议，地震科技人员对一些生命线工程以及有关的建筑设施提出必要的加固方案，进行室外观测、测量以及考察研究工作等，也可能给产生地震谣言提供所谓的依据。

国内外的其他种种复杂因素和背景，比如，国内封建迷信思想残余作怪，海外电台、报纸别有用心的宣传广播，有意制造的地震谣传等，都是产生地震谣言的因素。

每当有大地震发生，就会有很多版本的地震谣言随之而生，更有甚者，竟然传言在某地某年某月某日要发生某级大地震。

1990年，银川郊区××乡就发生过类似的地震谣言事

地震谣言

件，受地震谣言的影响，当时人们纷纷抢购食品和蜡烛，提取存款，还有1000多人东渡黄河避震，造成了极大的社会恐慌。这足见地震谣言的危害有多大。在其他省区也曾发生过类似地震谣言事件。在群众中造成严重的恐震心理，甚至导致学校不能正常上课，工厂不能正常生产，人员盲目外逃等现象。其实，识别地震谣言的方法很简单：凡伴有离奇传说或带迷信色彩的，传说地震震级大，而发震地点、时间非常具体的，这些完全可以不用去相信。因为目前国内外的地震预报还没有精确到具体的震级、时间和地点。另外，有权发布地震预报的机构只能是省级人民政府，任何单位或个人均无权发布地震预报，哪怕是权威的地震专家或省级地震局，也不能擅自发布有关地震的任何消息。地震谣言有时比地震本身的危害都要大。因此，我们要努力提高识别地震谣言的能力，对各种地震谣言进行分析研究，避免造成不必要的恐慌。

2. 地震谣言的特征

地震谣言有很多特征，常见的有以下几种：

谣言在开始形成的时候，说法很不统一，有人说西，有人说东，而且内容也非常简单。但是经过人们传来传去，就会逐渐形成一条相当逼真、比较统一的谣言。另外，在地震谣言传播过程中，有人又根据个人的特点和兴趣，对谣传进行补充和加工，就又形成了一条新的地震谣传流向四面八方。

谣传中对于地震发生的震级、地点、时间都说得非常具体。在震级上又加以夸大，在地点上能"精确"到某个村庄，在时间上能"精确"到"几点几分"。有关资料表明：自有记录起，世界上还没有发生过大于9级的地震，最大的地震还不到8.9级，而有的传言居然震级达到12级。

地震谣传还有一个特征是打着外国人的招牌骗人。传谣的人在叙述内容以前，常常会先声明："是日本人测出来的"、"是美国人测出来的"、"是××之音说的"，等等，反正谁也不会跑到国外去核实。据统计，从1980年1月至1982年3月，我国共发生18起地震谣传事件，其中有13起都说是外国人测出来的。

3. 如何识别地震谣言

只要不是政府正式发布的地震预报，都不用去相信。国务院规定，只有省一级人民政府才有权向社会公开发布地震的短期预报和临震预报，其他任何个人、单位和部门，都无权对外发布地震预报。

凡是说"某某单位都已通知了要发生大地震"都不可信。如要发布地震预报，政府将迅速采用一切措施通知到震区的全体民众。

凡是将地震发生的时间能"精确"到几点几分者，肯定都是谣言。因为，目前世界上的地震预报水平根本无法达到这样的精度。

凡是将发震地点"预报"得十分具体者，具体到某乡某村者，肯定都是谣言。因为，目前世界上的地震预报水平还没达到这样的精度。

凡是贴有"洋标签"，说外国某专家已经预报的地震传言都是谣言。因为不允许也不可能进行地震的"跨国预报"，也从来没有外国专家预报过中国的地震。

凡带有迷信色彩或者离奇传说的地震传言都是谣言。

（八）中国是地震灾害最严重国家的原因

20世纪以来，全球因为地震造成死亡的人数约160万人，而中国就有60万人左右。历史记载，全球死亡人数超过20万人的地震共有6次，其中中国就发生过4次。如果从更长一点的时间来看，我国的地震灾害更为严重。人类历史上死亡人数最多的地震发生在1556年，那就是发生在中国的陕西华县地震。1556年12月23日，发生关中大地震，震中在陕西华县、渭南、华阴一带。河北、湖南、安徽等地都受波及。由于这次地震发生在正当人们熟睡的午夜12时，死亡非常惨重。

中国不是世界上地震最多的国家，为什么却是地震灾害最严重的国家呢？我们可以从以下三个方面分析其原因。

第一，全球大多数地震都发生在海洋，海洋发生地震对人类造成的危害比较小。能够造成巨大灾害的主要是发生在陆地上的地震。中国的陆地面积仅占世界陆地面积的1/14，

地震防范百科

DiZhenFangFanBaiKe

中国的大陆地震却占世界大陆地震的1/3还要多。20世纪，由于地球科学板块理论的建立，人们对于海洋有了更多的理解，远比大陆要多。因此，目前科学家对海洋地震的了解远远超过了对大陆地震的认识。但是又有一个疑问，为什么同样的大陆地震发生在日本和美国，灾害比中国要小很多呢？因此，光有以上这一点还不足以说明问题。

第二，中国建筑质量差。例如2003年，分别发生在美国、伊朗和日本的三次地震造成的死亡人数差别很大。这三个国家建筑物质量的不同是死亡人数差别极大的原因，也就是说高质量建筑可以起到化解地震灾害的作用。一般来说，发展中国家的建筑质量与发达国家的相比还差很远。

第三，依赖思想比较强，灾害意识比较差。

我们所讲述的三个原因中，第一个原因是自然方面的原因。1976年，河北唐山大地震发生后，一位天文学家曾写到："一座拥有百年历史的城市，只因地球瞬间颤动，就被夷为平地。骨肉之躯的创造者，钢筋混泥土的建筑群，在自然灾害面前显得那样不堪一击。人类只有这个时候，才真正感到自己力量的弱小。"

第二个和第三个原因是人类自身方面的原因，我们完全有能力做得更好，最大限度地减轻地震灾害。

目前，人类还无法阻止地震的发生，只能做好"与震共存"的准备，但了解、认识地球，趋利避灾，构建和谐，科学发展是人类面临的机遇和挑战。

三、地震中的自救与互救

（一）地震中的自救

1.震前12秒自救

在地震发生前的瞬间，往往地光、地声和地面的微动在强震动前十几秒出现于地表，告诉人们大地震即将来临，这些临震异常现象为人们提供了最后一次自救机会。地壳内部喷溢出的气体，强化低空静电场形成地光。地光的形状有片状、带状、柱状、球状，颜色以白、蓝、黄、红居多。78%的地声出现在震前10分钟之内，在临震前10余秒声响最大。根据震区群众反映，临震前最先听到"呼呼"的风吼声，然后是"轰轰"声。接着就是"咚咚"的闷雷声，之后地面就开始振动。地面微动可能是由于临震前震源区断层预滑，造成应力波所致。

历次大震的幸存者中，有很多人就是观察到这些临震异

地震防范百科 DiZhenFangFanBaiKe

常现象，判断有大震来临，从而迅速采取措施避险，才躲过灾难的。例如，海城地震来临前，31次快车在19点36分运行到极震区唐王山车站前，火车司机看到，在车头前方从地面至天空出现大面积蓝白色闪光。这位司机懂得地震常识，知道这是地光，判断地震即将来临。于是他沉着、果断地开始缓慢减速，在减速过程中，19点36分07秒地震发生了。由于速度非常慢，没出现事故，列车安全停了下来。

对唐山地震部分幸存者进行调查的结果表明，地震来临前有很多人觉察到了地光、地声和地面微动，但是只有5%的人判断出地震即将来临，迅速逃离建筑物，保全了性命；而大多数人并没有马上想到地震即将来临，行动迟缓，失掉了这最后的逃生机会。

上述的事例告诉我们，一定要吸取教训，掌握地震常识，普及12秒自救机会的知识，发现异常现象，迅速采取措施避险，最大限度地减少地震伤亡。

2. 震时不要盲目逃生

很多震灾事实表明，地震发生时在房间内避险比盲目外逃更安全。一般情况下，破坏性地震发生的瞬间，也就是从地震来临到房屋、建筑物倒塌这一过程，只有10几秒钟的时间，在这生死的紧急关头，一定要保持清醒的头脑，沉着冷静，千万不要慌乱，更不能没有目标地到处乱跑。下面是一些震灾中的事例：

房间内避险比盲目外逃更安全

（1）盲目逃跑失生命。

1979年，我国江苏栗阳发生6级大地震，80%重伤员和90%死亡者，都是由于恐惧、慌乱、盲目逃跑而被屋外倒塌的檐墙和门头砸压所致。1996年2月3日晚，云南省丽江发生的7.0级地震，当时地区礼堂正在演电影，剧院经理带着七岁的女儿和他的一个同事在票房售票。当大地开始晃动时，他们反应非常快，经理拉着女儿和同事立即冲出礼堂。然而正在这时候，礼堂门厅上方和房顶的女儿墙被震落下来，他们三人当场被砸死，而礼堂内数百名观众却有惊无险，安然无恙。

2005年11月26日，江西九江、瑞昌发生的5.7级地震中，死亡13人，除2人是突发疾病死亡外，剩下的11人死亡都是被女儿墙或门头砸压所致。如果他们不恐惧、不慌乱、不盲目逃跑，而是有意识地在屋内选择正确的位置躲避，这些伤亡都是可以避免的。

（2）乱拥乱挤造成伤害。

1994年9月6日，台湾海峡发生7.3级大地震，我国大陆沿海地区遭受灾害，有4人死亡，800多人受伤，直接经济损失2亿元。特别引人注目的是伤亡者大多数是中小学生，这些学生并不是因为房屋倒塌而造成的伤亡，几乎全是因为临震惊慌，老师没有避震知识或没有行使职责，致使学生无序蜂

乱拥乱挤造成伤害

拥，乱跑乱挤，奔逃中互相挤压、踩踏而造成悲剧。

2005年，江西发生5.7级地震，地震发生后，湖北省武穴、阳新、蕲春三地学生在撤离时发生踩踏事件，共造成103人受伤，其中有7人受重伤。上午8时49分，第一次地震发生的时候，阳新县某中学学生正在上课。当校舍开始摇晃时，学生们纷纷涌向教室门口，冲往操场。几名学生在二楼和三楼之间的楼梯口跌倒，引发踩踏事件，共有47名学生受到不同程度的伤。

2010年在"10·24"周口4.7级地震中，太康县逊母口第一初级中学学生在撤离时，因挤压踩踏造成12名学生受伤。

2012年3月16日，菲律宾中部地区发生里氏6.0强烈地震，据报道，有一家商场发生了踩踏事件，至少20人受伤。

（3）大震中先躲后撤保安全。

2008年5月12日，四川汶川发生8级大地震，在灾情最严重的北川县，北川中学的两栋教学楼轰然倒塌，随后在漫天的尘土中主教学楼晃动几下后，突然矮下去好几米。高三（1）班的班主任李军，正在主教学楼四楼给高三（5）班上课。楼房突然开始剧烈晃动，有2名临窗的男生准备上窗台跳楼，李军让大家都蹲下不要慌。几秒钟过后，教学楼不再摇晃，他瞬间有一种失重的感觉，原来是下面的一、二层楼塌陷了。他组织学生马上撤离，等教室里最后一名学生走完，他才离开教室。

先躲后撤

　　在地震发生的时候，北川中学团委书记塞绍奇和初一（6）班主任刘宁，正在县委礼堂带领100多名学生参加"五四"青年节庆祝会。突然礼堂发疯似的晃动，而且越晃越厉害。他俩几乎同时对同学们大喊："地震了，快钻到椅子底下！不要乱跑！"话音刚落，礼堂顶部的水泥块大片坠落，结实的铁椅子保护了这些身材弱小的学生。地震过后，他们迅速把学生带到礼堂外面的广场。

　　无数血的教训时刻提醒我们，当地震发生时，千万不要乱跑！

3. 地震时镇静自若的逃生

　　虽然目前人类还不能完全避免和控制地震，但是只要能掌握自救互救技能，就能使地震灾害降到最低限度。就地震逃生自救而言，可以总结为以下几点：

（1）保持镇静。

在地震中，有人观察到，不少无辜者并不是因房屋倒塌而挤压伤或被砸伤致死，而是由于精神崩溃，失去生存的希望，乱叫、乱喊，在极度恐惧中自己"扼杀"了自己。这是因为，乱喊、乱叫会增加氧的消耗，加速身体的新陈代谢，使耐受力降低，体力下降；同时，大叫大喊，会吸入大量烟尘，易造成窒息，增加不必要的伤亡。正确态度是：无论环境多么恶劣，都要保持镇静，分析自己所处的环境，寻找出

地震发生时，千万不要乱跑

路，等待救援人员的到来。

（2）止血、固定。

挤压伤和砸伤是地震中常见的伤害。开放性创伤外出血要首先止血，抬高受伤部位，同时不停地呼救。一般情况下，开放性骨折，要用清洁纱布覆盖创面，做简单固定后再进行运转。不要做现场复位，以防止组织再度受伤，要按不同要求对不同部位的骨折进行固定。还要参照不同伤情、伤势进行分级、分类，送医院进一步处理。

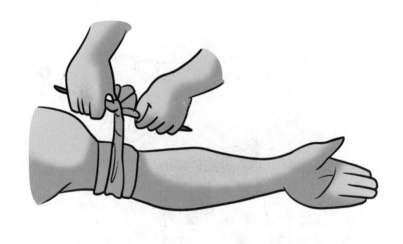

止血固定

（3）妥善处理伤口。

处理挤压伤时，要设法尽快解除重压，对于大面积创伤者，要保持创面清洁并用干净纱布包扎创面。如果怀疑有破伤风感染，应立即与医院联系，及时诊断和治疗。对大面积创伤和严重创伤者，为预防休克，需要口服糖盐水。

（4）防止火灾。

地震常常会引起多种次生灾害，火灾是常见的一种。在大火中应尽快脱离火灾现场，可以用湿衣服覆盖身上冲出火海，或脱下燃烧的衣帽，或卧地打滚，也可用水直接浇泼灭火。但千万不要用双手扑打火苗，否则可能烧伤双手。如果被烧伤要立即用清洁布料或消毒纱布包扎后送医院进一步处理。

避灾自救口诀

大震来时有预兆，地声地光地颤摇，

虽然短短几十秒，做出判断最重要。

高层楼房往下撤，电梯千万不可搭，

万一电路中断了，闷在梯内出不来。

平房避震有讲究，是跑是留两可求，

因地制宜做决断，错过时机诸事休。

次生灾害危害大，需要尽量预防它，

电源燃气是隐患，震时及时关上闸。

强震颠簸站立难，就近躲避最明见，

床下桌下小开间，伏而待定等救援。

震时火灾易发生，伏在地上要镇静，

沾湿毛巾口鼻捂，弯腰匍匐逆风行。

震时开车太可怕，感觉有震快停下，

赶紧就地来躲避，千万别在高桥下。

震后别急往家跑，余震发生不可少，

万一赶上强余震，加重伤害受不了。

4.震时逃生常犯的错误

地震往往突然到访，让人措手不及。地震中的逃生，必须采用正确、科学的方法，逃生过程中的一点小错误，就有可能丢掉性命。下面列出了地震逃生过程中的九大危险举动，一定要牢记在心，一定要杜绝。

（1）地震来临时，如果你正在屋内，试图冲出房屋是非常危险的举动，伤亡的可能性非常大。最好的办法是躲在坚固的桌或床下，如果屋内没有坚实的家具，那就站在门口，因为门框会起到一定的保护作用。不要靠近窗户，因为窗玻璃可能会被震碎伤人。

（2）如果在室外，靠近电线杆、楼房、树木或其他任何可能倒塌的高大建筑物，都是危险的举动。应跑到空地上，尽可能远离高大建筑物。最好趴在地上，防止失衡时遇到危险。

（3）躲在地下通道、隧道或地窖内是危险的。因为除非它们非常坚固，否则它们会被震塌，即使没有震塌，地震产生的瓦砾碎石也会填满这些地方或其堵塞出口。

（4）地震来临时，关闭门和窗都是非常危险的。木制结构的房子容易倾斜，导致房门打不开。所以，不管是冲出去还是待在室内，都要打开房门。

（5）大地震发生时，忘记保护身体逃生是危险的。书架上的书及隔板上的东西等可能往下掉，这时，千万要记住保护头部。在十分紧急的情况下，可以利用身边的枕头、毛毯、棉坐垫等物盖住头部，以免头被掉下的物体砸伤。

（6）如果夏天发生地震，裸体逃出房间十分危险，而且也不文雅。赤裸裸的身体容易被四处飞溅的玻璃、火星及金属碎片伤害。因此，避难时要穿棉质的鞋袜和尽可能厚的棉衣，不要穿戴易着火的化纤类衣物。

（7）地震来临时，在路上奔跑是很危险的。这时候，到处都是飞泻而下的门窗、招牌等物品，因此，此时最好找个相对安全的地方躲起来，如果有必要奔跑时，最好能戴上一顶安全帽之类的东西。

（8）地震时，躲避于桥下或停留于桥上均是非常危险的。大桥有时候会被震塌，使人坠落河中，因此，如在桥上遇到地震，就应迅速离开桥身。

（9）地震来临时，靠近海边是非常危险的。地震有时候会引发海啸，海啸掀起的海浪会急剧升高，如果人在海岸边很危险。这时候安全的做法是迅速离开沙滩，远离浪高的海面。

地震防范百科 *DiZhenFangFanBaiKe*

5. 地震时的安全三角区

当地震来临时，提倡躲在桌下、桌旁或小开间房里，主要理由是可利用塌落物与支撑物形成的安全三角区提供庇护。以桌子为例，如果塌落物与桌子形成安全三角区，那么桌旁与桌下的空间都是安全三角区的一部分。但桌旁和桌下形成安全三角区是有条件的，即支撑物必须是坚固的，如果桌子被砸塌，那以桌作为支撑物的安全三角区也就不存在了。同时桌下和桌旁的安全空间也就不存在了。如果真有大块物体砸垮桌子，不光躲在下面的人不能幸免，就连躲在旁

地震时安全三角区

手绘新编自然灾害防范百科
Shou Hui Xin Bian Zi Ran Zai Hai Fang Fan Bai Ke

边的人恐怕也要遇难。因此，躲在桌旁比躲在桌下安全的说法不能成立。相反，躲在桌下比躲在桌旁更能防止较轻或小块坠落物的伤害。

另外，地震发生的概率很小，即使在地震多发区，人的一生遇到地震的次数也是很有限的。从直下型地震（震源位置所在地发生的地震）与受周边地震波及的可能性、大地震到小地震的数量比例关系等因素考虑，在人所遇到的有限次数的地震中，发生一般性破坏地震的概率远大于毁灭性地震的概率。因此，在多数情况下，在防止小坠落物伤害方面，桌下比桌旁要安全得多。

还有，一般性的工业和民用建筑做到"小震不坏、中震可修，大震不倒"，这也是我国抗震设防的目标。随着国家减灾战略的实施和经济实力的提高，我国越来越接近这个目标。如果我国各地都能达到这个目标，万一发生毁灭性的地震，即使房屋破坏很严重，也不会倒塌，这样就会大大减轻房倒屋塌对人的生命造成的威胁。这时候，防止小块坠落物对人造成的伤害就成为关键。很显然，此时躲在桌下要比躲在桌旁安全很多。

因此，地震发生时，桌下和桌旁都可以躲，但多数情况下，桌下可能更安全些。

地震发生时还应当保持清醒的头脑，沉着冷静，以便迅速避险。从大地震的相关资料看，有些人之所以能够在被埋没的瓦砾中生存下来，主要是因为：首先，他们没有受到

地震防范百科 DiZhenFangFanBaiKe

致命的伤害；其次，他们总是试着寻找通气口，然后找到出口，最终能迅速脱离倒塌的房屋废墟；此外，在没有听到寻呼声及挖掘声时，不无谓地翻滚折腾或大呼大叫。

地震发生后，余震还会不断发生，周围的环境有可能会进一步恶化，因此，要稳定下来，尽量改善自己所处的环境，设法脱险。设法避开身体上方不结实的悬挂物、倒塌物或其他危险物。搬开身边可移动的碎砖瓦等杂物，从而扩大活动空间。不过应该注意的是，如果搬不动，千万不要勉强。设法用木棍、砖石等支撑残垣断壁，以防余震时再次被埋压。不要随便动用室内设施，包括水源、电源等，也不要使用明火。感觉灰尘太大或闻到煤气味及有毒异味时，设法用湿衣物捂住口鼻。保持体力，不要乱叫，用敲击声求救。

6.地震逃生的十大法则

（1）躲在桌子或其他坚固家具的下面。

地震时大的晃动时间在1分钟左右。在这1分钟的时间内首先要顾及的是人身安全。要选择在结实牢固且重心低的桌子下面躲避，要紧紧抓牢桌子腿，防止在震动时滑到危险的地方。在没有桌子等可供藏身的场合，不管怎样，也要用坐垫或者衣物保护好头部。

（2）地震来临时立即关火，失火时立即灭火。

大地震发生时，因为消防车不能马上赶到，因此，不能

依赖消防车来灭火。要想将地震灾害控制在最低程度，只能依靠每个人关火、灭火的努力。

地震发生的时候，有三次关火的机会。

第一次机会是在大的晃动来临之前，小晃动发生的时候，在感知小的晃动的瞬间，立即高呼："快关火！地震了！"关闭正在使用的煤气炉、取暖炉等。

第二次机会是在地震大的晃动停息以后。在发生大的晃动时去关火，如果放在取暖炉、煤气炉上面的水壶等滑落下来，是很危险的。大的晃动停息后，再一次呼喊："关火！关火！"并去关火。

第三次机会是在着火以后。即使着火，在1～2秒内，火势还不是很大，可以扑灭。为了能够迅速灭火，请将消防水桶、灭火器放置在离用火场所比较近的地方。

（3）不要匆忙地向户外跑。

地震发生后，慌慌张张地向外跑，屋顶上的砖瓦、广告牌、碎玻璃等掉下来砸在身上，是很危险的。此外，自动售货机、水泥预制板墙等也有倒塌的危险，不要靠近这些物体。

（4）地震来临时要将门打开，确保出口。

由于地震的晃动，会造成水泥钢筋结构的房屋门窗错位，打不开门，曾经发生有人被封闭在屋子里的事例。感觉到小晃动时，要立即打开门，确保出口。平时要事先想好万一被关在屋子里如何逃脱的方法，准备好绳索、梯子等。

地震防范百科

DiZhenFangFanBaiKe

不要匆忙往窗户外面跑

（5）户外的场合，要避开危险之处保护好头部。

当大地剧烈摇晃，站立不稳的时候，人们都会有扶靠、抓住什么的心理。身边的墙壁、门柱大多会成为扶靠的对象。但是，这些东西看上去挺结实牢固，实际上却是十分危险的。在1987年日本宫城县海底发生地震，由于水泥预制板墙、门柱的倒塌，造成多人死伤。所以，一定不要靠近水泥预制板墙、门柱等躲避。在繁华街道、楼区，最危险的是广告牌、玻璃窗等物掉落下来砸伤人，要注意用手提包或手等物保护好头部。

地震时如在户外行走，应避开水塔、高大烟囱、楼房、立交桥等高大建筑物和结构复杂的构筑物，平躺在地面，不要奔跑，以免摔倒或被裂缝所吞没。

如果地震发生时，你处在在楼区，就要根据具体情况决定是否跑出去就近躲避。相对而言，进入抗震建筑物中躲避比较安全，当然，安全也不是绝对的。

（6）公共场所避震。

如果在体育馆、影剧院等遇到地震时，要沉着冷静，特别是当场内断电时，不要乱叫、乱喊，更不得乱拥乱挤，避免被拥倒踩踏，应躲在排椅下或就地蹲下，注意避开电扇、吊灯等悬挂物，用皮包等柔软物保护头部，等地震过后，听从工作人员指挥，有组织地撤离。

在书店、商场、汽车站、展览馆、火车站时，若靠近门口，应迅速撤离到室外安全的地方，若在室内，应避开玻璃橱窗、玻璃门窗、易碎品的货架、柜台等，选择结实的柜台、柱子或桌椅边以及内墙角等处就地蹲下，并用手或其他物品护住头部。在展览馆时，则要避开吊灯、广告牌等高耸的物件或悬挂物。

在行驶的公共汽车内遇到地震时，要抓牢扶手，以免碰伤或摔倒，躲在座位附近，地震后再下车。就地震而言，地下街相对来说比较安全。即便发生停电，紧急照明电灯会马上亮起来，因此不必惊慌，镇静地采取行动。

发生地震时，千万不要使用电梯。如果地震发生时，已经在电梯里，要立刻将操作盘上各楼层的按钮全部按下，一旦电梯停下，要迅速离开电梯，确认安全后避难。万一被卡在电梯中，要通过电梯中的专用电话与外界联系、发出求助

地震防范百科 Di Zhen Fang Fan Bai Ke

信息。

（7）地震来临时，汽车要靠路边停车，管制区域禁止行驶。

地震时，汽车难以驾驶，会像轮胎泄了气似的，无法把握方向盘。这时候要避开十字路口将车子靠路边停下。为了不妨碍紧急车辆的通行和避难疏散的人，要让出道路的中间部分。

地震时，要注意收听广播。城市中心地区的绝大部分道路将会禁止通行。

（8）避难时要徒步，应尽可能少携带物品。

因地震造成的火灾蔓延，出现危及人身安全、生命等情形时，需采取避难的措施。原则上以市民防灾组织、街道等为单位，在警察及负责人等带领下采取徒步避难的方式，携带的物品应控制在最小限度。绝对不能利用自行车、汽车避难。对于残疾人、患者等的避难，当地居民的合作互助是不可缺少的。

（9）注意断崖落石、山崩或海啸。

在山边、陡峭的倾斜地段，有发生断崖落石、山崩的危险，应迅速到安全的场所避难。在海边，有时会遭遇海啸，当听到海啸警报或感知地震时，要迅速到安全的场所避难。

（10）不要轻举妄动，不要听信地震谣言。

在大地震发生时，人们心理上容易产生动摇。为防止混乱，每个人依据正确的信息，冷静地采取行动非常重要。

注意断崖落石

从手机、收音机中及时获取正确的信息。相信从政府、消防、警察等防灾机构直接得到的信息，决不轻信不负责任的流言蜚语，不轻举妄动。

在群众集聚的公共场所遇到地震时，不要慌乱，否则将造成秩序混乱，相互压挤而增加不必要的人员伤亡。应该有组织、有秩序地从多个路口快速撤离疏散。

7. 地震发生时的紧急处理方法

从地震来临到房屋倒塌，一般有12秒的逃生时间，通常称为安全12秒。在这12秒的时间内一定要保持镇定，避免惊慌，迅速作出正确躲藏的抉择。

强烈的地震发生时，人们往往会条件反射地采取本能行动，惊慌失措，到处乱跑。这种做法极其错误。这时候最重要的是保持镇定自若的态度和清醒的头脑。因为只有镇定，才能运用平时学到的地震知识，采取应急措施，保住性命。

下面我们来看看地震来临时，不同场合下的应急自救措施。

（1）楼房内。

如果地震来临的时候，正在楼房里，要保持清醒的头脑迅速远离门窗及外墙。

可选择厕所、浴室、厨房、楼梯间等开间小而不易塌落的空间避震。采取就地避震的方法是因为事实证明，地震时一些严重伤亡者都是那些匆匆逃向室外的人。

不可蹦跳和站立，要尽量降低重心。

地震过后要快速撤离，撤离时一定要走楼梯，千万不要使用电梯，更不能从楼上跳下。

（2）平房内。

如果地震来临时，正待在平房内，要充分利用时间迅速跑出室外。

如果实在来不及跑时，可躲在紧挨墙根的坚固家具旁或床下、桌子下。

闭口，趴在地上，保护要害，用鼻子呼吸，并用衣物或毛巾捂住口鼻，以隔挡呛人的灰尘。

正在用火时，应随手关掉电门开关或煤气开关，然后迅速躲避。

（3）户外。

　　如果地震来临时你正在户外，停留在户外就可以了。不过有一点要注意，一定要停留在开阔的地方，远离可能掉下东西的建筑物和高压电线。即使你的家人还在屋里，也不要冒险进去抢救。不用担心，因为他们在屋里也会做好应急保护的。如果家人不幸被压埋在废墟下，你在外面还可以及时进行抢救，营救他们脱险。国内外无数震例表明：在地震发生的短短几十秒里，人们匆忙离开或进入建筑物时，砸伤砸死的机率最大。

在户外要远离高压电线

（4）公共场所。

如果地震来临时，正在人口密集的地方，首先要保持冷静的头脑，听从现场工作人员的指挥，不要拥挤。

在大商场里，可以用皮包等物品保护住头部，快速向坚固的大商品或大柱子旁边靠拢，但一定要避开商品陈列橱柜，防止橱柜倾倒伤人。或者到没有放东西的通道，屈身蹲下，等待地震平息后迅速撤离商场。

在候机室、候车室、影剧院等，最好的办法是躲在椅子下。因为一般的椅子都是九合板及铸架、螺丝拧紧连接在一起的，一块九合板的抗压能力不是很强，但一排排的椅背联合起来，抗压力就变得非常强了，并且一般影剧院都采用大跨度的薄壳结构屋顶，重量比较轻，地震来临时不易坍塌，即使塌下来重量也不大。所以，躲在排椅下面安全一些。前排的观众可以躲到乐池内和舞台脚下，这两个地方相对而言也比较安全。如果距安全门很近，可以视情况夺门而出，冲到室外比较空旷的地方。

如果地震来临时，在地下商场里，要保持冷静。用皮包等柔软物品保护好头部，迅速靠近坚固的商品或粗大的柱子，然后，再仔细地寻找出口。若是发生火灾，要想办法迅速向烟雾流动的方向移动，因为烟雾流动的方向，就是出口的方向。如果发生停电的情况，要快速寻找指示灯或紧急备用灯，以灯光来确定自己的位置和出口的方位。

（5）交通工具上。

如果地震来临时，正在火车里：

司机要尽快减速，逐渐刹车，一定不能急刹停车，因为紧急刹车会造成车体出轨翻车。

旅客要迅速离开车厢的接合部位，如果靠近窗口，要离开窗口。用手或衣物等保护好头部，注意防止行李从行李架上滑落伤人。如果感觉车速不是很快时，要用手紧紧地抓住座椅、茶桌或牢固的物体，保持身体平衡。

如果车速很快，要采取一定的防御措施，避免火车脱轨时受伤害。面向行车方向而坐的乘客，应该两手抱住头部，立即俯身面向通道。背向行车方向而坐的乘客，应该抬膝护腹，并用两手护住头部和颈部，紧缩身体做好防御姿势。

用手保护好头部

如果是在通道中，要迅速躺下来，双脚朝向行车方向，最好是将脚尖蹬住椅子或车内其他固定物体，双手护住后脑部，屈身用膝盖贴住腹部。如果车内人群混乱，就不可采取这种方法。在人群中，应该立即紧缩身体，用双手抱住后脑部做好防御姿势。

如果没弄清楚情况，千万不要贸然跑出车外，因为铁路架设有高压电线，要防止高压线触电事故的发生。因此，应听从有关人员或司机指挥。地震发生时可能通道内会发生进水的情况。此时不要惊慌，沉着冷静地从列车中走出后，应该沿着墙壁朝出口处移动。

乘坐汽车发生地震时，司机应立即将汽车停靠在地基平坦、结实、周围没有坍塌物威胁的地方，熄火停车。尽快离开汽车，以免遭火灾、爆炸等灾害的危害。

行驶在高速公路或桥梁上，应马上刹车，千万注意不要与别的汽车发生碰撞，将车靠边停下来，熄火停车。如果情况非常紧急，不得已要跳车，需抓住车以外的固定物，以免直接落到公路上或河流里。另外，尽量移到高速公路或桥梁的接合部位，因为这个部位相对安全一些。

8. 不同地方的避震要点

（1）公共场所。

听从现场工作人员的指挥，要避开人流，不要拥向出口，不要慌乱，避免被挤到墙壁或栅栏处。

在体育馆、影剧院等处，就地蹲下或趴在排椅下；注意避开电扇、吊灯等悬挂物；用书包等保护头部；等地震过后，听从工作人员的指挥，有组织地撤离。

在书店、商场、地铁、展览馆等处，选择结实的柜台、商品（如低矮家具等）或柱子边，以及内墙角等处就地蹲下，用手或其他东西保护头部；避开玻璃橱窗、玻璃门窗或柜台；避开高大不稳或易碎品、重物的货架；避开吊灯、广告牌等高耸的悬挂物。

在行驶的电（汽）车内抓牢扶手，以免碰伤或摔倒；躲在座位附近，降低重心，地震过去后再下车。

（2）学校。

正在上课时，要听从老师的指挥，迅速躲在各自的课桌下。

在室外或操场时，可原地不动蹲下，双手保护头部。

注意避开危险物或高大建筑物。

震后应当有组织地进行撤离。必要时可以在室外上课，不要回到教室去。

在楼房里的学生，遇震时千万不要乘坐电梯！如果地震发生时已经在电梯内，要就近停下迅速撤离；不要乱挤乱拥，不要站在窗外！不要到阳台上去！千万不要跳楼！应迅速躲进跨度小的空间。

（3）工厂。

地震时，如果距离车间门比较近，应迅速撤至车间外空

地震防范百科 DiZhenFangFanBaiKe

旷地避震。如果距离车间门较远，应迅速躲在坚固的机器、墙角下或桌椅旁，同时关闭机器的电源开关。

对于生产强酸强碱和易燃易爆品以及有毒气体的工厂，在地震发生的瞬间应迅速关闭易燃易爆有毒有害物品阀门和运转设备，防止爆炸、火灾、毒品外泄等次生灾害发生。

高温作业的工人，要避开铁水流淌的钢槽或炉门，防止地震时被烧伤。

（4）户外。

就地选择开阔地避震，趴下或蹲下，以免摔倒；避开人多的地方，不要乱跑；保护头部；不要随便返回室内。

避开高大构筑物或建筑物，特别是有玻璃幕墙的建筑；不要待在立交桥、过街天桥上下和水塔、高烟囱下。

避开危险物、高耸或悬挂物，如变压器、路灯、电线杆、吊车、广告牌等。

避开其他危险场所，如狭窄的街道，危墙、危旧房屋，女儿墙、雨棚、高门脸下，砖瓦、木料等物的堆放处。

（5）野外。

避开山边的危险环境：避开陡崖、山脚，以防滚石、山崩、泥石流等，避开陡峭的山崖、山坡，以防滑坡、地裂等。

躲避滑坡、山崩、泥石流：遇到滑坡、山崩、泥石流，要向与滚石前进垂直的方向跑，切不可顺着滚石方向往山下

手绘新编自然灾害防范百科

野外

跑，也可躲在结实的障碍物下，或蹲在坎下、地沟，特别要保护好头部。

9. 地震中的避险技巧

抗灾救险时，最佳的防范手段是未雨绸缪。虽然地震只发生在少数地区，但对每一位青少年来说，学会正确的防震应急知识是非常必要的。

（1）就近躲避，切勿乱跑。

地震发生时是跑还是躲？多数专家认为，应急避震较好的办法是震时就近躲避，震后迅速撤离到安全地方。避震应选择室内能掩护身体的、结实的物体下（旁）、开间小、有支撑的地方，且易于形成三角空间的地方，或室外开阔、安全的地方。

（2）正确的避震姿势。

地震发生时采取正确的避震姿势非常重要，可以减少伤亡。正确的避震姿势是蹲位、护头。自救还要掌握一定的要领，自救的要领是：

迅速趴在地上，让身体的重心降到最低。让脸部朝下，并保持鼻、口顺畅地呼吸。

或者，坐下或蹲下，使身体尽量弯曲。抓住身旁牢固的物体，避免地震来临时将身体滑到危险的地方。

绝对不要站立不动，更不要仰躺在地。用坐垫、枕头、毛衣外套等遮住自己的头部、面部、颈部，掩住口鼻和耳朵，防止泥沙和灰尘灌入。

正确的避震姿势

避开人流，不要乱挤乱拥，以免造成摔倒、踩踏事件，增加不必要的伤亡。

因为空气中可能有易燃易爆气体，所以不要随便点明火，以免造成爆炸。

（3）保护好身体重要部位。

在地震中保护好身体的重要部位，会增加生存概率。怎样才能保护好身体重要部位，使其安然无恙呢?可采用如下方法：

低头，用手护住后颈部和头部。将身边的物品，如被褥、枕头等顶在头上，保护头颈部。

闭眼，低头、防止塌落的物件伤害眼睛。

千万记住不能只顾避震而疏忽了身体重要部位的保护。

（4）捂住口鼻防止烟尘窒息。

捂住口鼻是地震发生时一个非常重要的防尘措施，可用毛巾、衣服等裹住头部。若没有保护口鼻，会吸入大量灰尘和有害的气体，使自己感到呛闷。为此，需要采取以下措施：

有条件的可用手帕、湿毛巾等捂住口鼻，以免吸入烟尘，呛伤自己。

如果有灰尘不断坠落下来，可用衣服等包裹住头部，防止灰尘侵害五官。

千万不要奋力呼喊，因为呼喊会吸入大量烟尘，最终导致窒息死亡。

更不要盲目乱拆、乱翻，使烟尘更重。

地震防范百科 DiZhenFangFanBaiKe

10. 不同地方的避震方法

中国是世界上自然灾害最严重的国家之一。地震占全球地震总量的1/10以上，发生的强度和频度居世界之首。

在中国历史上，不包括漏记的，光有记载的地震就有8000多次，其中6级以上的地震有1000多次。自20世纪初至今，中国占全世界因地震死亡人数的比例高达50%。

虽然地震属于天灾，是不以人的意志为转移的，是由于自然因素引起的突发事件，但也不是不可以防御的。只要我们掌握一定的急救知识，就可以在地震到来时自我保护，自我救助。与地震危害相比，无知才是最大的灾难。

（1）家中。

大地震从开始到房屋倒塌过程结束，时间在十几秒到几十秒之内，因此，一旦感觉到要地震，应抓紧时间紧急避险，切勿耽误时间。

地震发生时不要慌，需要牢记的是不可跑向阳台，不要滞留在床上，不要跑到楼道等人员拥挤的地方去，不可跳楼，如果门打不开，要抱头蹲下。不可使用电梯，若地震时已经在电梯里应尽快离开。

如果所在的建筑物的抗震能力较好，可以在室内避震，如果抗震能力较差，应尽可能从室内跑出去。

避震位置非常重要。可根据室内状况和建筑物布局，寻找安全空间躲避。地震后房屋倒塌有时会在室内形成三角空间，包括重心较低且结实牢固的家具下、炕沿下、厨房、墙

保护好头部

角、厕所、内墙墙根、储藏室等开间小的地方，这些地方是人们可能幸存的相对安全的地点。

躲避时尽量靠近建筑物的外围，应尽量靠近水源，这样即使出不来也容易获得营救，但千万不可躲在窗户下面。

当躲在卫生间、厨房这样的小开间时，尽量离煤气管道、炉具及易破碎的碗碟远些。若卫生间、厨房处在建筑物的角落里，且隔断墙为薄板墙时，就不要选择它为最佳避震场所。

不要钻进箱子或柜子里，因为人一旦钻进去后便立刻丧失机动性，身体受限，视野受阻，不仅会错过逃生的机会，还不利于救援。

选择好躲避处后应坐下或蹲下，脸朝下，额头枕在两臂上，不可躺卧，因为躺卧很难机动变位，而且躺卧时人体的平面面积会增大大，被击中的概率要比站立时大5倍。

抓住身边牢固的物体，以免震时因身体失控移位或摔倒而受伤。

保护头颈部，低头，用手护住后颈或头部；保护眼睛，低头、闭眼，以防异物伤害；保护鼻、口，有条件时可用湿毛巾捂住口、鼻，以防毒气、灰土。

一旦被困，要设法与外界联系，除用手机联系外，还可以敲击暖气片和管道，也可打开手电筒。

（2）户外。

就地选择开阔地趴下或蹲下，不要乱跑，不要随便返回室内，避开人多的地方。

离开高大的建筑物，如高大烟囱、水塔、楼房等，特别是要躲开有玻璃幕墙的高大建筑。

避开悬挂或高耸的危险物，如电线杆、广告牌、变压器、路灯、吊车等。

避开危险场所，如危旧房屋、狭窄街道、高门脸、危墙等。

避开立交桥等一类结构复杂的构筑物，不要停留在立交

户外

桥、过街天桥的上面和下方。

（3）野外和海边。

在野外要避开陡崖、山脚和陡峭的山坡，以防泥石流、山崩、滑坡等。

有时候地震会引发海啸，为了防止海啸袭击，在海边时要尽快向远离海岸线的地方转移。

11. 避震原则——三要三不要

（1）要因地制宜，不要一定之规。

地震来临时，每个人所处的状况都不一样，可以说是千差万别，避震方式不可能千篇一律。例如，是在室内避震还是跑出室外，就要根据客观条件而定。住楼房还是平房，地震发生在晚上还是白天，室内有没有避震空间，室外是否安全，房子是不是坚固等。

（2）要行动果断，不要犹豫不决。

避震能否成功，只有十几秒到几十秒的时间，就在千钧一发之间，容不得你犹豫不决，瞻前顾后。有的人本来已经跑出了危房，但是又转身回去救人，结果不但人没救成，自己也被压在废墟下。本来想到别人是对的，帮助别人也是应该的，可是他们忘记了一点，只有保存自己，才有可能救出别人。

（3）要听从指挥，不要擅自行动。

前面已讲过这方面的例子：盲目避震，擅自行动，只会导致更大不幸。

12. 地震自救四大法宝

遭遇地震时，我们该怎样进行自救?地震学专家给大家介绍了以下四种自救方法，这些方法是自救的法宝，一定要牢牢记住。

（1）大地震时不要忙中出错。

破坏性地震来临时，从人感觉到振动到建筑物被破坏，平均只用12秒钟的时间，在这短短12秒内你一定要沉着冷静，千万不要慌乱，保持清醒的头脑，根据所处环境立即作出保障安全的抉择。

如果你住的是平房，你可以迅速跑到门外。

如果你住的是楼房，千万不要慌乱跳楼。应立即关掉煤气，切断电闸，暂避到坚固的桌子、床铺下面，或是洗手间等跨度小的地方，地震过后，要迅速撤离，防止发生强烈余震。

（2）人多先找藏身处。

发生地震时，如果正在学校、影剧院、商店等人群聚集的场所，千万不要慌乱，应该立即躲在椅子、桌子或坚固物品下面，等地震过后再有序地撤离。现场工作人员必须冷静地指挥人们就地避震，绝对不能带头乱跑。

（3）远离危险区。

如果发生地震时，正在街道上，应立刻用手护住头部，迅速远离楼房，到街心地带。

如在郊外，要注意远离陡坡、山崖、河岸及高压线等。

远离危险区

正在行驶的火车和汽车要立即停车。

（4）被埋时要保存自己的体力。

假如震后不幸被埋压在废墟中，要尽量保持冷静，设法自救。

实在无法脱险时，要保存体力，尽力寻找食物和水，努力创造生存条件，耐心等待救援人员的到来。

13. 不同场合的逃生自救法

（1）人群密集地。

在百货商场、电影院、学校、体育场等人群密集的公共场所遇到地震时，千万不要拥挤、慌乱，那样往往会导致摔倒、踩踏等事件的发生，造成人身伤亡。

在人群密集的公共场所遇到地震时，千万不要拥挤、慌乱

此时，最重要的是要迅速躲在坚固安全的物体旁边，屈身蹲下，等地震平息后，再迅速撤离到室外空旷的地方。

特别需要注意的是，不要被挤到栅栏、墙壁旁边去。如有可能，要尽快避开人群。

最好趁早将衬衫和领带解松。

如果没有办法逃离混乱的人群，要与自己的恐惧心理作斗争，保持清醒的头脑，冷静地观察，根据具体情况寻找安全避震的地点或者选定自己的避难路线，果断迅速地做出抉择，然后采取行动。

（2）被淹于水中。

地震时常常会引发水灾，如果被淹没在急流中，千万不要惊慌。

要努力寻找能漂浮的物体，如门板、塑料桶、木器家具等，尽快向岸边游去。不要逆流而上，而应该顺流而下，因为这样可以减少体力消耗。

如果自己不会游泳，有一点非常重要，也是能否生存的关键，那就是在身体下沉之前，拼命吸一口气。下沉时，要咬紧牙齿，紧闭嘴唇，憋住气，并同自己的恐惧心理作斗争。此时不能张嘴，要沉着，千万不要在水中胡乱挣扎，要冷静地等待再次浮上水面的机会。只要头一露出水面，就要呼吸新鲜空气并寻找漂浮物，如果寻找到漂浮物一定要牢牢抓住。不管怎样，不会游泳的人只要在水中憋住气仰起头，就一定能浮起来。最明智的做法是不将手举出水面并使身体

被淹在水中，要努力寻找能漂浮的物体

倾斜，这样更容易浮起来，还可以采用狗刨式的姿势，拼命向岸边游。

14. 不同地方的防护要点

地震发生后，首要的事情是进行自救和互救，这样能赢得宝贵的时间。在废墟中挖出伤员首先要确定头部。轻巧、快速暴露头部，清除灰土，暴露胸腹部，如有窒息，应立即进行人工呼吸。如果被埋或被压，不能强行硬拉。地震自救的原则主要有：排除呼吸道梗阻和窒息，处理完全性饥饿，处理创伤性休克，外伤止血、包扎、固定。

地震学专家根据不同场所的特点，提出了不同的地震防护的要点：

（1）学校。

地震时，背向窗户，躲避于桌下，并用手或者书包保护头部。不要匆匆忙忙冲出教室，并避免慌张上下楼梯。

如在行驶中的车上，要抓紧扶手，留在座位上不要动，直至车辆停稳；

如果在操场，要远离建筑物，到空旷的地方去。

平时，教师应经常在课堂讲授防震常识，教导学生避震需要注意的事宜，举行防震演习。

实验室的柜子、教室的照明灯具及图书馆的书架应加以固定。

躲避于桌下

（2）家庭。

家中应准备灭火器及急救箱，了解使用方法，并告知家人存放的地方。

知道自来水、煤气及电源如何开关。

重物不要置于高架上，拴牢笨重家具。

家中高悬物品应绑牢，橱柜门闩好，最好锁紧。找好家中安全避难处。

（3）办公室及公共场所。

注意防范天花板上的吊扇、灯具等掉落下来。

办公室中躲在坚固的家具或办公桌下或远离窗户，靠支柱站立。

公共场所中，不要慌乱，要仔细观察选择出口，避免人群推挤。

察看周围的人是否受伤，如果有人受伤，要积极地进行互救。

（4）室内。

保持镇定并迅速关闭煤气（天然气）、电源、自来水开关。

打开出入的门，随手抓个垫子保护头部，尽快躲在桌子或坚固家具下，或靠建筑物中央的墙站着。

切勿靠近窗户，以防玻璃震破伤人。

（5）室外。

站立于空旷处，不要慌张地往室内冲。

注意头顶上方可能有花盆、招牌等掉落。

远离正在建设中的建筑物、围墙、电线杆等。若在地下道或桥上，应镇静迅速地离开。

行驶中的车辆，应减低车速，不要紧急刹车，靠边停放。

若行驶于高架桥或高速公路上，应小心迅速驶离。

手绘新编自然灾害防范百科

室外

　　若在郊外，应远离海边、河边、崖边，找空旷的地方避难。

15. 废墟下的自救求生的方法

　　强烈的地震往往会造成大量房屋倒塌，人们的生命安全受到严重威胁。1976年，河北唐山发生大地震，唐山市区约80%的人员被埋压在废墟里。1983年11月7日，山东菏泽发生5.9级地震，大量房屋倒塌，2万多人被埋在废墟下。由于开展自救活动迅速，90%以上被埋压人员都在2个小时内获救，经过及时治疗，生存率达99.2%。由此可见，在地震发生时被埋压在废墟里，如果能迅速自救，就会大大减少伤亡。那么如何进行自救，就成了人们关注的问题。

第一，如果震后被埋压在废墟里，首先要消除恐惧心理，鼓起求生存的勇气和坚持的毅力。保持冷静，仔细观察，迅速判断自己的处境，根据具体情况决定逃生的对策。一定要沉得住气，树立生存的信心。要千方百计坚持下去，相信一定会有人来救自己，耐心等待救援人员的到来。

第二，要保护自己不受新的伤害。第一次地震发生后，余震会不断发生，自己身处的环境还可能进一步恶化，并且需要一定的时间，救援人员才能到来。因此，这个时候要尽量改善自己所处的环境，先稳定下来，设法脱险。被埋压在废墟下，即使身体没有受到伤害，也还有被烟尘呛闷窒息的危险，因此要注意用衣服、手巾或手捂住口鼻，避免意外事故的发生。另外，想方设法将手与脚挣脱开来，并利用双手和可能活动的其他部位清除压在身上的各种物体。最主要的是要清理压在腹部以上的物体，使自己能够呼吸正常。用砖头、木头等支撑住可能塌落的重物，努力将"安全空间"扩大，保持足够的空气以供呼吸。在移动身边的物体时要注意避免塌方。

第三，也可寻找如木棍、小刀、玻璃、铁钉、钢筋等物，小心地凿通气孔。要注意清除掉口内的尘土、泥沙和异物等。尽力寻找身边水源、药品、食品，如摸到一块糖、一瓶饮料等，并要有节制地使用这些物品，竭尽全力维持生命。然后要仔细检查自己的伤口，如果有外伤，要先进行止血、包扎。

第四，设法自行脱险，如果不能脱险，发出求救信号，等待救援。仔细听听周围有没有其他人，听到人声时用石块敲击墙壁、铁管，以发出呼救信号观察四周有没有光亮或通道，判断、分析自己所处的位置，从哪个方向可能脱险然后试着排开障碍，开辟通道。如果椅子、窗户、床等旁边还有空间的话，可以仰面过去或者从下面爬过去。爬行时，可以采用卧式或侧式两种方式。卧式则是将胳膊肘紧贴身体，把手放在肩的下边朝前爬动，或者用胳膊肘支撑身体交替着匍匐前进。侧式是侧身躺下来，靠身体的侧面和一只手来支撑，并用一只脚蹬动前进，累了，可以调过身子，再以同样姿势慢慢向前移动；倒退时，要把带有皮扣的皮带解下来，把上衣脱掉，以免中途被阻碍物挂住。最好朝着有空气和光线的地方移动，身体尽量放松，不要太紧张，否则在通过狭窄的地段时将会发生困难。头朝下往下滑行时，一只手要放到身体的侧面，不要将两手都放在前面，这是防止身体失去平衡的必要措施。

第五，如果暂时不能脱险，要保护自己，耐心地等待救援。被埋在废墟里之后，要稳定自己的情绪，对自己所处的环境作出正确的判断，最终作出等待救援或自行逃生的结论。如果开辟通道费力过多，费时太长，则不应自行逃生。

地震防范百科

Di Zhen Fang Fan Bai Ke

如果周围非常危险，有不牢固的床板、电路、玻璃、水池，也不应逃生，如果自己所处的房屋年久失修，一有震动很可能会倒塌，也不要轻举妄动。如果作出等待救援的决定，就要尽量保存体力。首先，不要大叫大喊。通常情况下，被压在废墟里的人听外面人的声音比较清楚，而外面的人很难听到里面发出的声音。因此，如果听不到外面有人，无论怎样呼喊都无济于事，听到外面有人时再呼喊，才有被营救的可能。长期无效的呼喊，会大量消耗体力，增加死亡的威胁。与外界联系的呼救信号有很多，除了呼喊外，还可用敲击墙壁、管道等一切能使外界听到的方法。其次，被压埋在废墟下，要想方设法寻找水和食物，俗话说，饥不择食，要想生存，只能这样做。唐山地震时，一位居民被压埋后，靠饮用床下一盆没有倒掉的洗脚水，生存下来。另一位中年妇女，靠饮自己排出的尿，坚持了10多天，最后终于得救。

第六，自行脱离危险后，要消除危险，关闭煤气开关，灭掉明火，切断火源、电源。尽快与家人或学校、单位取得联系，按地震来临前商定的家庭团聚地点集合。在有关人员的指导下，积极参加互救活动，按科学的方法救助他人。

（二）地震中的互救

1.震后互救的重要性及要点
地震后，外界救灾队伍不能在很短的时间内赶到受灾现

互救

场，在这种情况下，灾区群众应积极投入互救，让更多被埋压在废墟下的人员获得宝贵的生命。这是减轻人员伤亡最有效、最及时的办法。抢救的越早、越及时，获救的希望就越大。据有关资料显示，在地震发生后20分钟内获救的人，救活率大于98%；在1小时内获救的人，救活率为63%；震后2小时还无法获救的人员中，死亡人数的58%是窒息死亡。在1976年唐山大地震中，几十万人被埋压在废墟中。灾区群众通过自救、互救，使大部分被埋压人员保住了珍贵的生命。灾区群众参与互救在整个抗震救灾中起到的作用是无可替代的。

救助时，应根据"先易后难"的原则，先抢救建筑物边缘瓦砾中的幸存者，附近的埋压者，以及学校、医院、旅馆

震后互救

手绘新编自然灾害防范百科
Shou Hui Xin Bian Zi Ran Zai Hai Fang Fan Bai Ke

等人员密集容易获救处的幸存者。

　　救助时，注意收听被困人员的呻吟、呼喊或敲击声，根据房屋结构，确定被埋人员的准确位置，制定抢救方案，不能破坏埋压人员所处空间周围的支撑条件，避免引起塌方，使被埋压人员再次遇险。

　　抢救被埋人员时，应先使其头部暴露出来，尽快让新鲜空气流入被困者的封闭空间。不可用利器挖刨，挖扒中如果尘土太大，要喷水降尘，避免造成被埋压者窒息。

　　对于埋在废墟中时间较长的幸存者，应先供给食品和饮料，然后边挖边支撑，不要让强光刺激被埋压者的眼睛；埋压过久者救出后不要过急进食，也不应急于暴露眼部。

　　对抢救出的危重伤员，应迅速送往医院或医疗点，不要安置在废墟中或破损的建筑物中，以防余震。

　　抢救出来的轻伤幸存者，可迅速加入互救队伍，更合理地展开救助活动。

2. 震后救援遵循的原则

　　地震发生后，就会真正体会时间就是生命的意义。震后救人，首先要做到及时、快捷，迅速壮大救人的队伍，让更多的人获救。在救人时应遵循以下原则：

　　（1）先救近处的人。

　　不论是邻居、家人，还是萍水相逢的路人，只要近处有人被埋压就要先救他们。相反，舍近求远，往往会错失救人的良机，造成不应该发生的损失。

先救近处的人

（2）先救青壮年。

青壮年可以迅速在救灾中发挥作用。

（3）先救容易救的人。

这样可加快救人速度，尽快扩大救人队伍。

（4）先救"生"，后救"人"。

每救一个人，只把这个人的头部露出，能够呼吸就可以，然后马上去救别人，这样可在很短的时间内救好几十人。

3. 震后救人的步骤

震后救人，条件、环境十分复杂，因此要因地制宜，根据具体情况采取相应的办法，关键是保障被救人的安全。这里给出救人的一般的步骤、程序和方法，以及应注意的事项：

（1）定位。

根据求救声、呼喊声寻找被埋压人员，判定被埋压人员的位置。根据现场具体情况，采用多种办法和方式分析被埋压人员可能所处的位置。

（2）扒挖。

扒挖时要注意幸存者的安全。当接近被埋压人时，放弃使用利器刨挖。扒挖时要特别注意分清哪些是一般的埋压物，哪些是支撑物，不可破坏原有的支撑条件，以免造成塌方，对被埋压者造成新的伤害。扒挖过程中应尽早使封闭空间与外界沟通，让新鲜空气注入，以供呼吸。

（3）施救。

一定要保证幸存者的呼吸。首先将被埋压者的头部暴露出来，然后将被埋压者口、鼻内的尘土清除，再使其胸腹和身体其他部位露出。对于不能自己出来的，要暴露全身，然后抬救出来，千万不能生拉硬拽。

（4）护理。

救出被埋压者以后要给予必要的特殊护理。对于在饥渴、窒息、黑暗状态下埋压过久的人，救出后应给予特殊的护理：为了避免强光刺激，要用布蒙上眼睛。不能一下进食过多，不能突然接受大量的新鲜空气。被救人的情绪不能过于激动。如果被埋压者身上有伤，要就地做相应的紧急处理。

（5）运送。

对于那些被救的人要分情况处理。对救出的危重伤病员、骨折伤员，运送过程中应该有相应的护理措施。对重伤员，应送往医疗点或医院进行救治。应特别注意的是，救人过程中要把安全放在第一位。否则将会对被埋压者造成新的伤害。在河北唐山大地震救人过程中，就发生过踩踏已经倒下的房盖，使房盖下本来可以获救的被埋压者不幸身亡的事例。扒挖时一定不要用利器，因利器伤人致命的事也发生过。因此，在抢救他人时，一定要用科学的方法救人，千万不能鲁莽行事。

4. 震后互救注意事项

专门的抢险营救人员以及已经脱险的人营救被压埋在废

墟中的人的活动称为互救。互救在抗震救灾中的意义非常重要，特别是在救援力量未到达的情况下，灾民互救更是不可缺少的救生措施。互救时需要注意以下几点：

（1）时间要快。

调查结果显示，震后2小时还无法获救的人员中，58%的人是因为窒息而死亡的。如果救助及时，这些窒息死亡的人，完全可以保住性命的。因此，在整个抗震救灾中，灾区群众参与及时互救行动，起到的作用是不可替代的。

（2）进行援救时寻找伤员的方法。

根据我国多年来积累的地震知识和经验，总结出以下几种方法来寻找伤员，即"问、听、看、探、喊"五字箴言。

问：就是询问震时，如需救助人员在一起的当地熟人、同志和亲友，指出伤员的可能位置，了解当地的建筑物分布情况和街道情况。

听：就是贴耳侦听伤员的呻吟声和呼救声，一边敲打一边听，一边听一边用手电照。

看：就是仔细观察有没有露在外边的肢体或衣服血迹或者其他迹象，特别注意房前、床下、门道、屋角处等。

探：排除障碍能够钻进去的地方或者是在废墟空隙寻找伤员。这时要注意有无爬动的血迹及痕迹，以便寻找已经筋疲力尽的被困者。

喊：就是让伤员亲属和当地熟人喊遇难者姓名，细听有

无应答之声。

通过以上5种方法，先找到伤员所在的位置，然后再根据具体情况，采取合适的援救方法对其进行营救，很快就能将伤员救出，并逐步扩大援救范围。

（三）地震中受到的主要伤害

地震发生以后，通常人们会受到不同程度的伤害，主要的伤害有：

1. 机械性外伤

机械性外伤是指人被各种设备及其倒塌体的直接砸击、挤压下的损伤，占地震伤的95%～98%。受伤部位有骨折、头面部伤。其中，骨折发病率比较高，大约占全部损伤的55%～64%，还有12%～32%软组织伤，颅脑伤的早期死亡率也非常高，其余为内脏和其他损伤。创伤性休克是地震伤死亡的主要原因。

2. 埋压窒息伤

埋压窒息伤是指人在地震中不幸被埋压身体或者口鼻，从而发生窒息。在地震引发的地质灾害，如泥石流、滑坡、崩塌中，能将整个人埋在土中，有时候没有明显的外伤，但是会因窒息而死亡。

3. 完全性饥饿

在地震中人被困在废墟空隙中，长期断食断水；环境或污浊、闷热，或寒冷、潮湿，使人体抵抗力下降、代谢紊乱，濒于死亡。被救出以后神志不清、口舌燥裂、全身衰竭，往往在搬动时死亡。

4. 精神障碍

因地震时受到强烈的精神刺激从而出现的精神应激反应。常见的症状是淡漠、疲劳、迟钝、失眠、焦虑、易怒、不安等。

5. 冻伤

地震发生在冬天，在没有取暖设施的条件下可引起冻伤。例如，海城地震发生在寒冷的冬季，人们只能临时住在防震棚中，天气寒冷，冻死冻伤多人。

6. 烧伤

有毒有害物质泄漏乃至爆炸或地震诱发的火灾可能引起烧伤。由于地震火灾往往难以躲避，因此，导致烧伤、砸伤的复合伤，也会增加治疗难度。例如，1975年2月4日19点36分，辽宁省海城、营口一带发生地震，震后因防震棚失火，烧死烧伤数人。

7. 淹溺

地震诱发水灾会引起淹溺。要创造条件实施水上或空中救护，但由于地震淹溺者往往有外伤，因此，治疗难度高。

（四）抢救伤员的常识

地震发生后，抢救受伤人员是一项非常紧迫的任务。人命关天，抢救一定要科学，要谨慎，不能鲁莽行事。下面来介绍一些伤员的基本常识。

1. 确认伤员是否有意识的方法

在轻轻拍打患者双侧肩部的同时，在伤员耳边轻轻呼叫。注意：不可以用力敲打患者头部。

在解救休克病人时，掐"人中"穴位也会起到一定的作用。

2. 利于保持患者呼吸畅通的方法

伤员平躺，解开衣领、松开领带，将下颚抬高，头部后仰。

不能让患者的下颚靠近胸部，通过观测伤员胸部起伏及检查鼻息来判断伤员呼吸情况。

如果情况紧急，要进行人工呼吸。人工呼吸时需要注

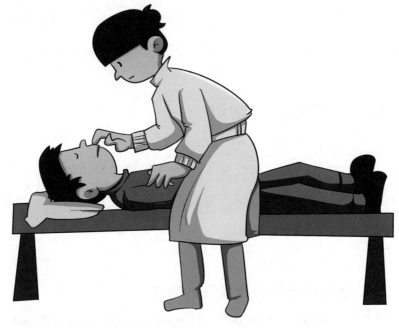

保持患者呼吸畅通

意，用手捏住患者的鼻子进行吹气，每次吹气之间要有一定的间隙。如果是成人，人工呼吸每分钟应为16～18次。

3. 处理伤员有异物刺入胸部或头部的方法

一定不要马上拔出异物止血，要用毛巾等柔软物将其固定住，不要让伤员乱动，不要碰触受伤部位。

快速送往医院救治，急救途中尽最大努力减少震动，并把伤者的头转向一侧，便于清除呕吐物。

在没有接受医生检查时，头部发生创伤的人员，要减少不必要的活动。不能给受伤人员服止痛片止痛。

4. 判断伤员是否骨折的方法

骨折的专有表现是：畸形；骨擦感或骨擦声，即骨折断端相互摩擦时，可以感觉到骨擦感或骨擦声；活动异常，在没有关节的部位，骨折处会发生异常活动。这是骨折的三个专有特征，只要发现其中一种，就可以判断骨折。

5. 救助骨折伤员的方法

首先将断骨跨关节固定，固定时要注意松紧适度，不能太松也不要太紧，以不影响血液流通为宜。开放性骨折伤要用无菌敷料包扎伤口，如果现场没有无菌敷料，可以用清洁的布类包扎。有些伤员大血管损伤，包扎不能止血，可用止血带止血，上止血带肢体远端血流几乎完全被阻断，注明上止血带的时间，或用血管钳钳夹止血及结扎。骨折断端外露者，现场不要复位，立即送往医院治疗。

地震防范百科 DiZhenFangFanBaiKe

6. 脊柱骨折伤员的搬运方法

为了避免脊柱弯曲扭动加重伤员伤情，伤员上下担架应由3～4人站在伤员同一侧，双手分别平托伤员头、胸、臀、腿，并保持动作平稳、一致。千万记住不能一人抱腿，一人抱胸搬运。最好用长宽相等、坚硬的床板、门板运送。软担架容易使骨折加重，有可能还会进一步加重脊髓神经损伤，因此，不要使用软担架。

7. 断肢、断指的处理方法

用无菌纱布将断肢或断指包好，放入清洁的塑料袋中，并将其放入0℃～4℃的低温环境中，与受伤人员一同送往医院。不能用水清洗断肢、断指，更不能把断肢、断指放入盐水中。

8. 出血的处理方法

在没进行处理前，先对伤员出血情况进行判断，然后根据具体情况来决定该如何处理。如果是毛细血管出血，不需要使用指压包扎法，用普通包扎法就可以。如果伤员是严重的外伤出血，应直接用布料包裹，制止出血。如果伤员是动脉出血，要在伤口近心端使用止血带，同时注明上止血带时间。

9. 绷带包扎的方法

让伤员坐卧舒适，抱住受伤的肢体，进行包扎。包扎时要用力均匀，不能太松，也不能太紧，要松紧适度。太松会脱落，太紧会影响血液循环。由远心端向近心端包扎，绷带平贴包扎部位，不要把绷带掉在地上，防止污染。潮湿的绷带不能用，因为它干后收缩过紧或者刺激皮肤并造成感染。

（五）地震后的正确做法

在2007年智利发生的地震中，许多罹难者是挤压伤或被砸伤致死的。还有一些是当他们被埋进瓦砾时，丢失了生存的希望，精神崩溃，从而歇斯底里地翻动、喊叫，还没有等到人们来抢救，就窒息死亡了。那么，地震发生之后，我们应该怎样做才能逃过一劫，保住性命呢？

1.脱离危险房屋

地震来临时，很多人可能会被倒塌的建筑物砸死。还有很多人会被埋压在倒塌的建筑物下，如果被埋在废墟下，要尽可能少地减少能量消耗，延长生命。让自己的情绪稳定下来，分析自己所处的环境，留心观察有亮光的地方，努力寻找出路。如果自己无法走出来，还要注意节省体力，耐心等待救援。

2.妥善处理出血和创伤

地震中常见的伤害是挤压伤和砸伤。情况严重的是外出血、开放性创伤和内脏出血，被砸伤时，首先要对伤员进行止血，同时抬高受伤的肢体。

3.防止破伤风和气性坏疽的发生

大地震后，如果受到大面积创伤，首先要保持创面清洁，用干净纱布包扎创面。不要忘记打破伤风针，要警惕气性坏疽和破伤风的发生。感染这两种细菌后，如果处理不当，会导致死亡。因此，怀疑有破伤风和产气杆菌感染时，

地震防范百科

DiZhenFangFanBaiKe

应立即与医院或者医疗点联系，以便得到及时诊断和特殊治疗。

4. 防止火灾蔓延

在地震后引发的许多次生灾害中，火灾是最常见的一种。火灾发生后首先要尽快设法脱离火灾现场，然后迅速脱下仍在燃烧的衣帽，或者卧地打滚，或用湿淋淋的衣服覆盖在身上，也可以用水直接浇泼灭火。但一定不要用手扑打火苗，因为这样会烧伤双手。

5. 安全撤离

在有关人员的指挥下，有秩序地撤离公共场所或教室。千万不要拥挤，因为拥挤有可能会摔倒，引起踩踏事件，造成不必要的伤亡。遇到特殊危险时要随机应变，注意保护自己，尽快离开室外各种危险环境。不要轻易回到危房中去，谨防余震随时发生。

6. 尽快与家人、学校或机关取得联系

按震前商定的家庭团聚计划行动。若暂时找不到家人，可到有组织的疏散地点或单位去。

7. 积极参加互救活动

在有关人员的指导下，用科学、正确的方法救助他人。

四、地震灾后心理自助

（一）震后容易出现的情绪反应

1.恐惧

地震发生时，个体会陷入严重超负荷的心身紧张性反应状态中，机体内、外平衡被打破，心里充满了无限的担心和恐惧，很害怕地震会再次发生，害怕只剩下自己一个人，害怕亲人或自己会再次受到伤害，心理接近崩溃或无法控制自己。

2.无助

在地震灾难发生之后，可能会经历家园的丧失，亲人的伤亡，或是自己身体的伤害。感觉自己很无助、很脆弱、很渺小，不堪一击，不知道将来该怎么办。

3.悲伤

悲伤是灾后最常见的情绪和感觉，为亲人或其他人的死伤感到很悲痛、很难过；大多数人会以不断啜泣或大声号哭来疏解或宣泄；少数人以冷漠、麻木无表情来表达。

4. 内疚

觉得自己很孤单，没有人可以帮助自己。厌恶自己，恨自己没有救出家人，希望死的不是亲人而是自己；因为比别人幸运而产生深深的罪恶感；没有做应该做的事情，或者感到自己做错了什么，没能挽救住亲人的生命。

5. 愤怒

觉得上天对自己非常不公平；救灾的速度为什么那么慢；别人根本不理解自己的痛苦，不知道自己的需要。

6. 敏感

对与地震有关的图像、声音、气味等反应过度，感觉过敏；感到没有安全感，易焦虑；做噩梦，失眠，易从噩梦中惊醒。身体症状表现为容易疲倦、抽筋或发抖、呼吸困难、喉咙及胸部感觉梗塞、肌肉疼痛、记忆力减退、头昏眼花、晕眩、反胃、心跳突然加快等。

灾后综合症的预防

敏感

7. 重复回忆

心里非常空虚，一直想着逝去的亲人，没有办法想别的事情；脑海中反反复复地出现灾难的画面，只要一闭上眼睛，就会看到最悲伤最恐惧的画面。

8. 失望和思念

不断地期待，期待奇迹出现，却不断地失望。觉得一切都是假的，是自己在做梦，等梦醒了一切都会恢复正常，可是醒来亲人依旧不在。一种爱的失落感，对死亡亲人非常怀念，常常有心如针扎般的感受。

（二）地震后如何治疗心理创伤

突如其来的灾难，使灾区人民家园变成一片废墟，熟悉的生活瞬间消失，从而出现一系列心理和生理的应激反应，导致广泛的精神痛苦，同时影响人际交往、工作与生活，导致生活质量下降。生活环境的巨大改变和亲人的离散，会给无数青少年的心灵带来无法承受的创伤。幸存者常常会因灾难在未来数周内产生一些身心反应，每个人的情况可能会有所不同，但是，所有这些在灾难后出现的反应都是正常的，是人对于非正常的灾难的正常反应，大多数人在灾难后数月之内都会自己缓解，但是，在灾后有效地救助青少年，治疗他们心理和精神上的创伤，让他们走出噩梦，重新鼓起学习

和生活的勇气，已成为地震发生后亟待解决的问题。

灾区的许多青少年在震后都呈现出不同程度的心理问题，他们无法走出地震的阴影。每天噩梦连连，闭上眼睛，脑海中就会呈现出房屋倒塌的情景，或者双腿无力，整天头晕，看什么东西都觉得在晃动。地震对青少年心理造成的创伤很难治疗，长期影响他们的身心健康。而且出现一些创伤后的应激性障碍，他们当中患焦虑症、恐惧症、神经症的比例高于正常值3～5倍。很多人情绪不稳定、失眠多梦、紧张焦虑等。在地震发生后，一切都平静下来的时候，青少年经历家园的丧失、亲人的伤亡、自己身体的伤痛，常常会产生一些身心反应。由于每个人的性格以及身体、心理素质不一样，产生情况也会有所不同，不过不用担心，所有这些在灾难后出现的反应都是人对于非正常的灾难的正常反应。

大多数青少年生来就具有韧性，灾难带来的创伤会随着时间的推移，慢慢好起来。但是如果能为他们提供一个充满关爱的环境，加上朋友和家人的爱护，就可以让他们更快地摆脱灾难带来的阴影，勇敢地迎接新生活。

（三）震后"灾害综合症"的自我调节

地震发生以后人们容易患"灾害综合症"。通俗地说，就是人们受到极大的心理创伤，处在不安、焦虑、恐惧、心理失衡等状态，对自己经历的一切感到困惑，认为自己在做梦；过分地为受害者忧郁、悲伤；筋疲力尽、心力憔悴，由于身心极度疲劳、睡眠与休息不足等，并产生以胃痛、眩晕、紧张、呼吸困难、无法放松等为主要表现特征的"灾害综合症"。首当其冲的是灾难的直接人员，病症表现最严重是灾难中的受害者。其次，亲历现场悲伤场面的记者和救灾人员等工作人员，他们心理紧张和过度劳累的状态，也会在一定程度上影响他们的心理健康。因此，地震发生后，必须

心理重建

灾后自我调节

立刻行动起来，有计划地去开展心理危机、心理重建等工作。下面几招教你自我心理调整。

避免、调整或减少压力源：比如少接触那些能够刺激你或者是道听途说的信息。

降低紧张度：和有耐性、安全的、关心你的亲友谈话，或者找心理专业人员协助。太过担心、紧张或失眠时，可以在医生的建议下用助眠药或者抗焦虑剂来帮眠，当然，这只是暂时使用，但是可以较快地起到安定的效果。

做紧急处理的预备：准备饮水、电池、逃生袋、逃生路线等。多一点准备就让自己多一份安心。

近期少给自己安排事务，一次处理一件事情就可以了。

不要孤立自己。要多和心理辅导团体的成员或者家人、邻居、亲戚、朋友、同事保持联系，和他们谈谈自己的感受。

规律饮食，多吃青菜、水果，规律作息，规律运动，照顾好身体。这段时间免疫力比较差，要小心感冒。

学习放松技巧，如打坐、打太极拳、练瑜伽、听音乐，或者练习肌肉放松。

（四）减轻心理痛苦的简便方法

1.尝试面对你的痛苦

相信事实，这不是梦，灾难确实已经真实地发生了。

接受它，这是一个重大的可怕的事实，已经无法挽回了，必须接受现实。

找个能让你安心的人倾听你内心的伤痛。

沮丧和悲伤是正常的，有理由悲伤。

哭泣是减轻悲伤和痛苦的好办法。

2. 多留意自己的身心状况，如果累了，提醒自己休息

比平常要多睡会，尽可能多休息。

让身体和心理放松，坚持多做一些身体运动。

如果有条件，可以和亲朋好友出去散散心。

3. 应对你的罪恶感

你可能常常这样想："如果我当初……"，"为什么我当初不……"自责过久是有害的，会严重影响你的健康。

4. 准备经历情绪的起伏

心灵康复之路并不平顺，情绪的变化无常，起伏很大。想一想，你已经经历了多少次情绪考验，已经克服了哪些困难。

5. 接受你的家人、朋友、邻居的了解和关怀

静下心来好好想一想，最近这些日子，那些关怀过你的人，想想他们温暖的面孔。

尽量不要一个人独处，要多与那些关心你的人在一起聊天、交流。

6. 制定有规律的生活安排

尽量制定一个规律的生活表，这样你会感觉到有所依靠，生活有平衡感。让工作、休息和娱乐活动交替进行。

7. 做些可以放松和快乐的事情

让你的生活中充满有趣味的、有生命力的活动。

可以找一些小生命来陪伴你：爱唱歌的金丝雀、一只小猫或小狗、一株新的盆栽，各式各样的花、新鲜水果等。

找一些小生命来陪伴你

手绘新编自然灾害防范百科

Shou Hui Xin Bian Zi Ran Zai Hai Fang Fan Bai Ke